DIE NORMATIVEN MERKMALE DER STRAFRECHTLICHEN TATBESTÄNDE

Von

Dr. Karl Heinz Kunert

BERLIN 1958

WALTER DE GRUYTER & CO.

vorm. G. J. Göschen'sche Verlagshandlung / J. Guttentag, Verlagsbuchhandlung
Georg Reimer / Karl J. Trübner / Veit & Comp.

Archiv-Nr. 27 23 58
Satz: Walter de Gruyter & Co., Berlin W 35. Druck: Berliner Buchdruckerei „Union", Berlin SW 61

Meinem verehrten Lehrer, Herrn Professor Dr. Hans Welzel, sei für die Betreuung dieser Arbeit in seinem Bonner Seminar, der Bonner Universität für die großzügige finanzielle Unterstützung des Druckes an dieser Stelle nochmals herzlich gedankt.

Der Verfasser

Inhaltsverzeichnis

Seite

Einleitung 1

ERSTER TEIL

Dogmengeschichte und Kritik der Lehren von den normativen Tatbestandsmerkmalen

A. Die praktisch-dogmatische, an der Vorsatzfrage orientierte Behandlung der normativen Tatbestandsmerkmale 3

I. Der naturalistische Vorsatzbegriff und die Lehre vom error facti und error juris. Die „regula" des Paulus in der Sicht der Romanisten . . . 3

II. Die dem error facti gleichgestellten Rechtsirrtümer und die v. Lisztsche Subsumtionstheorie 6

1. Der „außerstrafrechtliche Rechtsirrtum" des Reichsgerichts und Lucas' 6

2. Der Irrtum über Merkmale, die subjektive Rechte und Pflichten betreffen (v. Bar) 6

3. Der „seinem Grunde nach faktische" Rechtsirrtum (Hälschner) . 7

III. Der „strafrechtliche Rechtsirrtum" in der Rechtsprechung des Reichsgerichts. Tatsachenleib und Begriffskopf 10

IV. Die Aufspaltung der normativen Tatbestandsmerkmale bei Beling (L. v. Verbrechen). 12

V. Zusammenfassung von I—IV 13

VI. Versuche der Vermittlung zwischen dem naturalistischen Vorsatzbegriff und dem „juristischen" Vorsatzbegriff v. Liszts 15

1. Die Lehren von den konstituierenden Merkmalen der Gesetzesbegriffe (R. v. Hippel, Lobe, Frank, Merkel, v. Weber, Kreutzer) Kritik dieser Lehren 15

2. Die Theorie der Rechtsguterkenntnis (Eb. Schmidt, Bohlmann, Eichmann) 22
Kritik dieser Theorie 23

3. Die Lehren von der Parallelwertung oder Parallelbeurteilung im Täterbewußtsein (Binding, Mezger, Welzel, BGH) 24

4. Der Subsumtionsirrtum auf der Grundlage dieser Lehre (Welzel) 26

B. Die theoretische, philosophisch orientierte Behandlung der normativen Tatbestandsmerkmale. 28

I. Max Ernst Mayer: Der Tatbestand als „ratio cognoscendi" rechtlich anerkannter „Kulturnormen" oder der „materiellen Rechtswidrigkeit". Normative Tatbestandsmerkmale als Begründung statt als Demonstration der Rechtswidrigkeit 28

Seite

II. Grünhut und Mezger: Gesetzlicher Tatbestand und richterliches Werturteil (Ermessen). Mehrdeutigkeit der Begriffe „Werten“ und „Subjektivität“ . . . 31

III. Erik Wolf: Der Tatbestand als Produkt methodologischer Umformung. Der Doppelsinn des Normativen . . . 41

IV. Welzel: Seine Wertmetaphysik. Die Einseitigkeit seines Standpunkts angesichts der Verschiedenartigkeit der normativen Tatbestandsmerkmale . . . 45

C. Die politisch orientierte Behandlung der normativen Tatbestandsmerkmale während der Herrschaft des Nationalsozialismus . . . 47

I. „Volksgewissen“ und „Richterkönigtum“ statt strafrechtlicher Tatbestände . . . 47

II. Tatbestand und „Führerprinzip“. Normative Tatbestandsmerkmale als Einfallstore für die „autoritativen Kundmachungen“ der Staatsführung . . . 49

D. Die normativen Tatbestandsmerkmale als Stützen der Vorsatztheorie und der Lehre vom Tatbestand als „ratio essendi“ der Rechtswidrigkeit . . . 53

I. Normative Tatbestandsmerkmale und „wertfreier Tatbestand“ . . . 54

1. Der Tatbestand als „Leitbild“ (Beling) . . . 54

2. Der Tatbestand als „vertypte Rechtswidrigkeit“ (Hegler, Sauer, Mezger u. a.) . . . 54

3. Die normativen Tatbestandsmerkmale als „Träger“ oder „Instrumente“ des Rechtswidrigkeitsurteils (Arthur Kaufmann, Lang-Hinrichsen, Schröder) . . . 56

II. Kenntnis der normativen Tatbestandsmerkmale und Unrechtsbewußtsein. Die den normativen Merkmalen zugewiesene Funktion, vom Tatbestandsvorsatz zum Unrechtsbewußtsein „die Brücke zu schlagen“ 58

III. Kritik dieser Lehren. Die Verkennung der Doppeldeutigkeit des Satzes von der „Wertfreiheit“ des Tatbestandes . . . 59

E. Normative Tatbestandsmerkmale als sogenannte „spezielle Rechtswidrigkeitsmomente“ und ihre Exemtion vom Vorsatzerfordernis . . . 63

I. Die Entwicklung der Meinung Welzels . . . 63

II. Der „Amtsbefehl“ und das Merkmal „zuständig“ . . . 66

1. Die Meinung von Armin Kaufmann . . . 66

2. Die Zuständigkeit als Rechtswidrigkeitsmoment in §§ 110, 116, 137 und als Tatbestandsmerkmal in §§ 153 ff. StGB . . . 67

III. Das Merkmal „unbefugt“ als Rechtswidrigkeitsmoment in §§ 168, 300 u. a. und als Tatbestandsmerkmal in §§ 107 a, 132, 132 a StGB . . . 70

IV. Die „objektiven Tätermerkmale“ in der normlogischen Sicht Armin Kaufmanns . . . 71

1. „Tatbestandsmerkmale“ und „reine Pflichtmerkmale“ . . . 71

2. „Objektive Tätermerkmale“ und Vorsatz. Die „Pflichtvoraussetzungen“ bei allgemeinen und besonderen Normen . . . 72

Seite

F. Die Stellungnahme Engischs zu den bisherigen Lehren von den normativen Tatbestandsmerkmalen 75

ZWEITER TEIL

Eindimensionale und mehrdimensionale Tatbestandsmerkmale

A. Der Tatbestand als Beschreibung und „Vorbewertung". Tatbestand und Erlaubnissatz 82

B. Die Gegenstände der Tatbestandsbeschreibung im allgemeinen. Die „Haltungen" des objektiven Geistes als ihre zweite Dimension 86

C. Die Gegenstände der Tatbestandsbeschreibung im einzelnen 89

I. Die „eindimensionalen" Merkmale. Ihr Verhältnis zu den „deskriptiven" Merkmalen Welzels und Engischs 89

II. Die echten Wertmerkmale 93

1. Irrational-emotionale „Haltungen" als zweite Dimension 93

2. Das Urteil des BGH vom 17. 2. 1954 zur Unzüchtigkeit des Verlobtenbeischlafs 95

a) Apriorische Wert- und Wertrangerkenntnis 95

b) Die wertphilosophischen Grundlagen des Urteils: der „Wertabsolutismus" bei Max Scheler u. N. Hartmann 95

3. Die Stellung des Richters zu den Wertmerkmalen: 98

a) Wertrelativismus und Faktizität des „Meinungsstandes" . . . 98

b) Die Revisibilität der Wertmerkmale und das richterliche Ermessen 99

4. Wertmerkmale und Vorsatz 101

III. Die Sinnmerkmale. Rationale, praktische „Haltungen" als zweite (oder weitere) Dimensionen 104

IV. Die Abschätzungsmerkmale 105

1. Merkmale quantitativer Abschätzung 105

2. Merkmale kognitiver Beurteilung 106

3. Reine Würdigungsbegriffe 107

V. Die „Parallelbeurteilung im Täterbewußtsein" als Erfassen der zweiten Dimension 108

VI. Der Vorsatz bei den sogenannten Komplexbegriffen 108

1. Die Zweidimensionalität der Merkmale „zuständige Behörde" und „jagdbares Tier" 108

2. Aufzählungsbegriffe und echte Komplexbegriffe 110

3. Der Vorsatz bei den Aufzählungsbegriffen und den echten Komplexbegriffer, insbesondere bei dem Tatbestandsmerkmal der „Zuständigkeit" in §§ 153ff. StGB 112

4. Der Vorsatz bez. des Merkmals „Verbrechen oder Vergehen" in § 257 StGB. Das Vorliegen eines Verbrechens oder Vergehens als objektive Strafbarkeitsbedingung 120

Benutzte Literatur

Apel, Max	Philosophisches Wörterbuch. Berlin 1948
Bachof, Otto	Beurteilungsspielraum, Ermessen und unbestimmter Rechtsbegriff im Verwaltungsrecht. In: JZ 1955, S. 97 ff.
v. Bar, Ludwig	Gesetz und Schuld im Strafrecht, Bd. II. Berlin 1907
Beling, Ernst	Die Lehre vom Verbrechen. Tübingen 1906
Beling, Ernst	Die Lehre vom Tatbestand. Tübingen 1930
Beling, Ernst	Grundzüge des Strafrechts. 8./9. Aufl. Tübingen 1925; 11. Aufl. Tübingen 1930
Bemmann, Günter	Zur Frage der objektiven Strafbarkeitsbedingungen. Göttingen 1957
Bienenfeld, Rudolf	Die Haftungen ohne Verschulden. Berlin und Wien 1933
Binding, Karl	Die Normen und ihre Übertretung. Bd. I: Normen und Strafgesetze. 2. Aufl. Leipzig 1890. Bd. II: Schuld, Vorsatz, Irrtum. 2. Aufl.. 1. und 2. Teil, Leipzig 1914—16. Bd. III: Der Irrtum. Leipzig 1918
Bockelmann, Paul	Über das Verhältnis der Begünstigung zur Vortat. In: NJW 1951, S. 620 ff.
Bohlmann, F.	Der Irrtum im Strafrecht. Diss. Berlin 1911
Bruns, Hans-Jürgen	Die Befreiung des Strafrechts vom zivilistischen Denken. Berlin 1938
Bruns, Hans-Jürgen	Der untaugliche Täter im Strafrecht. Karlsruhe 1955
Bruns, Hermann	Kritik der Lehre vom Tatbestand. Bonn/Köln 1932
Busch, Richard	Über die Abgrenzung von Tatbestands- und Verbotsirrtum. In: Festschrift für Edmund Mezger, München und Berlin 1954, S. 165 ff.
Class, Wilhelm	Grenzen des Tatbestandes. Breslau 1933. Strafrechtliche Abhandlungen, H. 323
Dahm, Georg	Deutsches Recht. Stuttgart 1951
Dahm, Georg	Die Zunahme der Richtermacht im modernen Strafrecht. Tübingen 1931
Dahm, Georg	Verbrechen und Tatbestand. In: Grundfragen der neuen Rechtswissenschaft, Berlin 1935
Dahm, Georg	Nationalsozialistisches und faschistisches Strafrecht. Berlin 1935
Dahm, Georg und Schaffstein, Friedrich	Liberales oder autoritäres Strafrecht? Hamburg 1933
Dahm, Georg	Der Methodenstreit in der heutigen Strafrechtswissenschaft. In: ZStW Bd. 57, S. 225ff.
Dohna, Alexander Graf zu	Recht und Irrtum. Mannheim 1925
Dreher, Eduard und Maassen, Hermann	Strafgesetzbuch mit Erläuterungen und den wichtigsten Nebengesetzen. 2. Aufl. München und Berlin 1956
Drost, H.	Das Ermessen des Strafrichters. Berlin 1930
Drost, H.	Das Ermessen des Strafrichters in der Strafrechtsreform. Zu: NJW 1955, S. 1255ff.
Ebermayer, Ludwig	Irrtum im Strafrecht. In: LZ 1918, Sp. 801ff.
Eichmann, Fritz	Der Vorsatz bei normativen Tatbestandsmerkmalen. Breslau 1929. Strafrechtliche Abhandlungen, Heft 255

Eichmann, Eduard und Mörsdorf, Klaus	Lehrbuch des Kirchenrechts, Bd. III. 6. Aufl., Paderborn 1950
Engelmann, Woldemar	Irrtum und Schuld nach der italienischen Lehre und Praxis des Mittelalters. Berlin 1922
Engisch, Karl	Besprechung von Eichmann (s. dort). In: MonKrimPsych. Bd. 21, S. 120ff.
Engisch, Karl	Vom Weltbild des Juristen. Heidelberg 1950
Engisch, Karl	Die Idee der Konkretisierung in Recht und Rechtswissenschaft unserer Zeit. Heidelberg 1953
Engisch, Karl	Die normativen Tatbestandselemente im Strafrecht. In: Festschrift für Edmund Mezger, Berlin und München 1954, S. 127ff.
Finger, August	Strafrecht. Berlin 1932
Fischer, H. A.	Die Rechtswidrigkeit. München 1911
Forsthoff, Ernst	Lehrbuch des Verwaltungsrechts. Bd. I, Allgemeiner Teil. 3. Aufl. München und Berlin 1953
v. Frank, Reinhard	Das Strafgesetzbuch für das Deutsche Reich. 18. Aufl. Tübingen 1931
Franzen, Hans	Gesetz und Richter. Eine Abgrenzung nach den Grundsätzen des nationalsozialistischen Staats. Diss. Bonn 1935
Freisler, Roland	Aufbau und Aufgabe des Besonderen Teils, Gestaltung seiner Tatbestände. In: Gürtner, Das kommende deutsche Strafrecht. II. Besonderer Teil. 2. Aufl. Berlin 1936
Freyer, Hans	Theorie des objektiven Geistes. 2. Aufl. Leipzig und Berlin 1928
Gallas, Wilhelm	Zum gegenwärtigen Stand der Lehre vom Verbrechen. In: ZStW Bd. 67, S. 1ff.
v. Gemmingen, Hans Dieter	Probleme der Strafrechtsanwendung. Tübingen 1934
Goetzeler, Richard	Der Grundsatz nulla poena sine lege und die Vergeltungsidee. In: GS 104, S. 343ff.
Grünhut, Max	Begriffsbildung und Rechtsanwendung im Strafrecht. Tübingen 1926
Grünhut, Max	Methodische Grundlagen der heutigen Strafrechtswissenschaft. In: Festgabe für Reinhard v. Frank, Bd. I, Tübingen 1930, S. 1ff.
Hälschner, Hugo	Das gemeine deutsche Strafrecht, Bd. I. Bonn 1881
Hartmann, Nicolai	Das Problem des geistigen Seins. Berlin und Leipzig 1933
Hartmann, Nicolai	Ethik. 3. Aufl. Berlin 1949
Hartmann, Nicolai	Die Philosophie des deutschen Idealismus. II. Teil: Hegel. Berlin und Leipzig 1929
Hartung, Fritz	Der Rechtsirrtum in der Rechtsprechung des Reichsgerichts. In: DRZ 1949, S. 342ff.
Hegel, Georg Wilhelm Friedrich	Enzyklopädie der philosophischen Wissenschaften. 5. Aufl., hrsg. von Johannes Hoffmeister, Leipzig 1949
Hegel, G. W. F.	Grundlinien der Philosophie des Rechts. 3. Aufl., hrsg. von Georg Lasson, Leipzig 1930. 4. Aufl., hrsg. von Johannes Hoffmeister, Hamburg 1955
Hegler, August	Die Merkmale des Verbrechens. In: ZStW Bd. 36, S. 19ff.
Hegler, August	Subjektive Rechtswidrigkeitsmomente im Rahmen des allgemeinen Verbrechensbegriffes. In: Festgabe für Reinhard v. Frank, Bd. I, Tübingen 1931, S. 251ff.

Heinemann, Hugo — Die Binding'sche Schuldlehre. Freiburg 1889

Heinemann, Hugo — Zur Dogmengeschichte des Rechtsirrtums. In: ZStW Bd. 13, S. 371 ff.

Henkel, Heinrich — Strafrichter und Gesetz im neuen Staat. Hamburg 1934

Henkel, Heinrich — Die Unabhängigkeit des Richters in ihrem neuen Sinngehalt. Hamburg 1934

v. Heydebrand u. der Lasa — Deutsche Rechtserneuerung. Berlin 1933

Herschel, Wilhelm — Staatlicher Befehl und richterliches Ermessen im neuen Reich. In: DJZ 1933, Sp. 1008 ff.

Heyde, Joh. Erich — Wert. Eine philosophische Grundlegung. Erfurt 1926

v. Hippel, Robert — Lehrbuch des deutschen Strafrechts. Berlin 1932

v. Hippel, Robert — Vorsatz, Fahrlässigkeit, Irrtum. In: VD AT Bd. III, Berlin 1908, S. 373 ff.

v. Hippel, Robert — Irrtum im Strafrecht. In: LZ 1918, Sp. 1032 ff.

Hirsch, Hans Joachim — Die Lehre von den negativen Tatbestandsmerkmalen. Bonn 1957 (Diss. Maschinenschrift)

Hirsch, Hans Joachim — Ist die versuchte falsche eidesstattliche Versicherung noch strafbar? In: JZ 1955, S. 234 f.

Hoffmeister, Johannes — Wörterbuch der philosophischen Begriffe. Hamburg 1955

Hofmann, Fritz — Die normativen Elemente des besonderen und allgemeinen Tatbestandes im Strafrecht. Breslau 1930. Strafrechtliche Abhandlungen, Heft 272

Huber, Ernst Rudolf — Wirtschaftsverwaltungsrecht, 2. Bd. 2. Aufl. Tübingen 1954

Jaensch, Erich — Wirklichkeit und Wert in der Philosophie und Kultur der Neuzeit. Berlin 1929

Jaensch, Erich — Die Psychologie in Deutschland und die inneren Richtlinien ihrer Forschungsarbeit. In: Jahrbücher der Philosophie, hrsg. von Moog, Bd. III, 1927

Jarcke, Carl Ernst — Handbuch des gemeinen deutschen Strafrechts, Bd. III. 1830

Jaspers, Karl — Allgemeine Psychopathologie. 5. Aufl. Heidelberg 1948

Jellinek, Walter — Gesetz, Gesetzesanwendung und Zweckmäßigkeitserwägung. Tübingen 1913

Jellinek, Walter — Verwaltungsrecht. 3. Aufl. Berlin 1931

Kahn, L. — Der außerstrafrechtliche Rechtsirrtum. Diss. Würzburg 1900

Kaufmann, Armin — Lebendiges und Totes in Bindings Normentheorie. Göttingen 1954

Kaufmann, Armin — Tatbestandseinschränkung und Rechtfertigung. In: JZ 1955, S. 37 ff.

Kaufmann, Arthur — Das Unrechtsbewußtsein in der Schuldlehre des Strafrechts. Mainz 1950

Kaufmann, Arthur — Zur Lehre von den negativen Tatbestandsmerkmalen. In: JZ 1954, S. 653 ff.

Kohlrausch, Eduard — Die Lehre vom Rechtsirrtum in Theorie und Praxis des heutigen Strafrechts. Berlin 1902 (= Irrtum und Schuldbegriff im Strafrecht, I. Teil. Berlin 1903)

Kohlrausch, Eduard u. Lange, Richard — Strafgesetzbuch, 41. Aufl. (neubearbeitet von Richard Lange) Berlin 1956

Kreutzer, Paul — Zum Irrtum über normative Tatbestandsmerkmale. In: NJW 1955, S. 1307 ff.

Krüger, Herbert — Rechtsgedanke und Rechtstechnik im liberalen Strafrecht. Teil I: ZStW Bd. 54, S. 591 ff. Teil II: ZStW Bd. 55, S. 77 ff.

Küchenhoff, Günther	Nationaler Gemeinschaftsstaat, Volksrecht und Volksrechtsprechung. Berlin 1936
Lang-Hinrichsen, Dietrich	Zur Problematik der Lehre vom Tatbestands- und Verbotsirrtum. In: JR 1952, S. 184ff.
Lang-Hinrichsen, D.	Tatbestandslehre und Verbotsirrtum. In: JR 1952, S. 302ff., 356ff.
Lang-Hinrichsen, D.	Die irrtümliche Annahme eines Rechtfertigungsgrundes in der Rechtsprechung des Bundesgerichtshofes. In: JZ 1953, S. 362ff.
Lange, Heinrich	Vom Gesetzesstaat zum Rechtsstaat. Berlin 1934
Lask, Emil	Rechtsphilosophie. In: Gesammelte Schriften. Hrsg. von Eugen Herrigel, Bd. I. Tübingen 1923
v. Laun, Rudolf	Das freie Ermessen. 1910
v. Liszt, Franz	Lehrbuch des deutschen Strafrechts. 2. Aufl. Berlin 1884; 10. Aufl. Berlin 1900; 25. Aufl. 1927 und 26. Aufl. 1932, Berlin und Leipzig, besorgt von Eberhard Schmidt
Lucas, Hermann	Die subjektive Verschuldung im heutigen deutschen Strafrecht. Berlin 1883
Luden, Heinrich	Handbuch des deutschen gemeinen und partikularen Strafrechts, Bd. I. 1847
Mannheim, Hermann	Beiträge zur Lehre von der Revision wegen materiellrechtlicher Verstöße im Strafverfahren. Berlin 1925
Maurach, Reinhart	Deutsches Strafrecht, Allgemeiner Teil, Karlsruhe 1954. Besonderer Teil, 2. Aufl. Karlsruhe 1956
Mayer, Hellmuth	Strafrecht, Allgemeiner Teil. 2. Aufl. Stuttgart und Köln 1953
Mayer, Max Ernst	Der Allgemeine Teil des deutschen Strafrechts. 1. Aufl. Heidelberg 1915; 2. (unv.) Aufl. Heidelberg 1923
Merkel, Adolf und Liepmann, M.	Die Lehre von Verbrechen und Strafe. Stuttgart 1912
Merkel, Adolf	Besprechung von Thons „Rechtsnorm und subjektives Recht". In: Grünhuts Zeitschrift für das Privat- und öffentliche Recht der Gegenwart, VI. Bd., S. 367ff. (Wien 1879)
Merkel, Paul	Schuld, Vorsatz, Fahrlässigkeit, Irrtum. In: JW 1925, S. 893ff.
Mezger, Edmund	Strafrecht. Ein Lehrbuch. 1. Aufl. 1931; 2. Aufl. 1933, beide München und Leipzig; 3. Aufl. Berlin und München 1949
Mezger, Edmund	Strafrecht. Ein Studienbuch. 6. Aufl. München und Berlin 1955
Mezger, Edmund	Die subjektiven Unrechtselemente. In: GS Bd. 89, S. 207ff.
Mezger, Edmund	Vom Sinn strafrechtlicher Tatbestände. In: Festschrift für Ludwig Traeger, Berlin 1926, S. 187ff.
Mezger, Edmund	Subjektivismus und Objektivismus in der strafgerichtlichen Rechtsprechung des Reichsgerichts. In: RG-Festgabe, Bd. V, S. 13ff.
Mezger, Edmund	Rechtsirrtum und Rechtsblindheit. In: Probleme der Strafrechtserneuerung. Festschrift für Eduard Kohlrausch, Berlin 1944, S. 180ff.
Mezger, Edmund	Der Tatbestand im Strafrecht. Sonderabdruck aus der Festschrift für Maurovič, Belgrad 1934
Mezger, Edmund	Wandlungen der strafrechtlichen Tatbestandslehre. In: NJW 1953, S. 2ff.

Mezger, Edmund	Urteilsanmerkung in: JW 1927, Sp. 2006ff.
Mezger, Edmund	Urteilsanmerkung in: JZ 1951, S. 179ff.
Mittasch, Helmut	Die Auswirkungen des wertbeziehenden Denkens in der Strafrechtssystematik. Berlin 1939
Mommsen, Theodor	Römisches Strafrecht. 1899
Müller, Heinrich	Beamtentum und Nationalsozialismus. München 1931
Nagler, Johannes	Der heutige Stand der Lehre von der Rechtswidrigkeit. In: Festschrift für Karl Binding, Bd. II. Leipzig 1911
Nicolai, Helmut	Rassengesetzliche Rechtslehre. München 1934
Niese, Werner	Finalität, Vorsatz und Fahrlässigkeit. Tübingen 1951
Niese, Werner	Wahnverbrechen oder untauglicher Versuch bei falschen eidesstattlichen Versicherungen vor unzuständigen Behörden? In: NJW 1949, S. 812ff.
v. Olshausen, Justus	Kommentar zum Strafgesetzbuch für das Deutsche Reich. 11. Aufl. Berlin 1927
Pernice, Alfred	Labeo. Römisches Privatrecht im ersten Jahrhundert der Kaiserzeit. Zweiter Bd., Erste Abteilung. Halle 1895
Radbruch, Gustav	Zur Systematik der Verbrechenslehre. In: Festgabe für Reinhard v. Frank, Bd. I, Tübingen 1930, S. 158ff.
Radbruch, Gustav	Rechtsphilosophie. 4. Aufl. hrsg. von Erik Wolf. Stuttgart 1950
Redding, Günter	Unbestimmter Rechtsbegriff oder Ermessen? In: DÖV 1954, S. 365ff.
Reuss, Hermann	Das Ermessen. In: DVBl. 1953, S. 585ff.
Reuss, Hermann	Der unbestimmte Rechtsbegriff. In: DVBl. 1953, S. 649ff.
Rickert, Heinrich	Der Gegenstand der Erkenntnis. Einführung in die Transzendentalphilosophie. 6. verb. Aufl. Tübingen 1928
Rickert, Heinrich	Die Philosophie des Lebens. Darstellung und Kritik der philosophischen Modeströmungen unserer Zeit. 2. unv. Aufl. Tübingen 1922
Rickert, Heinrich	System der Philosophie, Teil I. Allgemeine Grundlegung der Philosophie. Tübingen 1921
Rickert, Heinrich	Kulturwissenschaft und Naturwissenschaft. 6./7. Aufl. Tübingen 1926
Rittler, Theodor	Lehrbuch des österreichischen Strafrechts, I. Allgemeiner Teil. 2. Aufl. Wien 1954
Sauer, Wilhelm	Grundlagen des Strafrechts. 1. Aufl. Berlin und Leipzig 1921
Sauer, Wilhelm	Allgemeine Strafrechtslehre (3. Aufl. der „Grundlagen des Strafrechts“). Berlin 1955
Sauer, Wilhelm	Die beiden Tatbestandsbegriffe. Zur Lehre von den äußeren Strafbarkeitsvoraussetzungen. In: Festschrift für Edmund Mezger, München und Berlin 1954, S. 117ff.
v. Savigny, Friedrich Carl	System des heutigen römischen Rechts, Bd. III. Berlin 1840
Sax, Walter	Zur Frage der Kuppelei bei Geschlechtsverkehr unter Verlobten. In: JZ 1954, S. 474ff.
Schaffstein, Friedrich	Politische Strafrechtswissenschaft. Hamburg 1934
Scheler, Max	Der Formalismus in der Ethik und die materielle Wertethik. 4. Aufl. Bern 1954
Schmelzeisen, G. K.	Vom deutschen Recht und seiner Wirklichkeit. Düsseldorf 1933
Schmelzeisen, G. K.	Die Überwindung der Starrheit im neuzeitlichen Rechtsdenken. Berlin 1933

Schmelzeisen, G. K.	Das Recht im nationalsozialistischen Weltbild. Leipzig 1934
Schmitt, Carl	Der Hüter der Verfassung. Tübingen 1931
Schönke, Adolf	Kommentar zum Strafgesetzbuch. 5. Aufl. München und Berlin 1951; 8. Aufl. (bearbeitet von Horst Schröder) München und Berlin 1957
Schröder, Horst	Vorsatz und Schuld. In: MDR 1950, S. 646ff.
Schröder, Horst	Tatbestands- und Verbotsirrtum. In: MDR 1951, S. 387ff.
Schröder, Horst	Der Irrtum über Rechtfertigungsgründe nach dem BGH. In: MDR 1953, S. 70ff.
Schröder, Horst	Die Irrtumsrechtsprechung des BGH. In: ZStW Bd. 65, S. 178ff.
Siegert, Karl	Grundzüge d. Strafrechts im neuen Staate. Tübingen 1934
Somlô, Felix	Juristische Grundlehre. Leipzig 1917
Stammler, Rudolf	Lehrbuch der Rechtsphilosophie. 3. Aufl. Berlin 1928
Thierfelder, Rudolf	Normativ und Wert in der Strafrechtswissenschaft unserer Tage. Tübingen 1934
v. Turegg, K. E.	Lehrbuch des Verwaltungsrechts. 2. Aufl. Berlin 1954
Ule, Carl Hermann	Zur Anwendung unbestimmter Rechtsbegriffe im Verwaltungsrecht. In: Gedächtnisschrift für Walter Jellinek, München 1955, S. 309ff.
Wachenfeld, Friedrich	Lehrbuch des deutschen Strafrechts. München 1914
v. Wächter, Carl Georg	Lehrbuch des römisch-teutschen Strafrechts, Bd. I. Stuttgart 1825
v. Weber, Hellmuth	Das Notstandsproblem und seine Lösung in den deutschen Strafgesetzentwürfen von 1919 und 1925. Leipzig 1925
v. Weber, Hellmuth	Negative Tatbestandsmerkmale. In: Festschrift für Edmund Mezger, München und Berlin 1954, S. 183ff.
v. Weber, Hellmuth	Zum Aufbau des Strafrechtssystems. Jena 1935
v. Weber, Hellmuth	Grundriß des deutschen Strafrechts. 2. Aufl. Bonn 1948
v. Weber, Hellmuth	Rechtssicherheit und Tatbestandsbildung in der Strafrechtsreform. In: Wissenschaftliche Vierteljahresschrift zur Prager Juristischen Zeitschrift, VII. Jahrgg. (1927), Heft II, Sp. 57ff.
v. Weber, Hellmuth	Vom Subsumtionsirrtum. In: Goltd. A. 1953, S. 161ff.
v. Weber, Hellmuth	Wie würde sich die finalistische Lehre auf den Besonderen Teil eines neuen Strafgesetzbuchs auswirken? In: Materialien zur Strafrechtsreform, Bd. I (Gutachten der Strafrechtslehrer), Bonn 1954, S. 279ff.
Weischedel, Wilhelm	Recht und Ethik. Karlsruhe 1956
Weisgerber, J. L.	Das Gesetz der Sprache. Heidelberg 1951
Welzel, Hans	Das deutsche Strafrecht. 2. Aufl. 1949; 3. Aufl. 1954; 4. Aufl. 1954; 5. Aufl. 1956; 6. Aufl. 1957 (Berlin)
Welzel, Hans	Naturalismus und Wertphilosophie im Strafrecht. Mannheim/Berlin/Mainz 1935
Welzel, Hans	Naturrecht und materiale Gerechtigkeit. Göttingen 1951
Welzel, Hans	Vom irrenden Gewissen. Tübingen 1949
Welzel, Hans	Aktuelle Strafrechtsprobleme im Rahmen der finalen Handlungslehre. Karlsruhe 1953
Welzel, Hans	Der Irrtum über die Rechtmäßigkeit der Amtsausübung. In: JZ 1952, S. 19f.
Welzel, Hans	Der Irrtum über die Amtspflicht. In: JZ 1952, S. 208f.
Welzel, Hans	Der Irrtum über die Zuständigkeit einer Behörde. In: JZ 1952, S. 133ff.

Welzel, Hans	Der Parteiverrat und die Irrtumsprobleme (Tatbestands-, Verbots- und Subsumtionsirrtum). In: JZ 1954, S. 276ff.
Welzel, Hans	Die Regelung von Vorsatz und Irrtum im Strafrecht als legislatorisches Problem. In: ZStW Bd. 67, S. 196ff.
Welzel, Hans	Arten des Verbotsirrtums. In: JZ 1953, S. 266ff.
Welzel, Hans	Anmerkung zum Urteil des BGH vom 28. 10. 1952. In: JZ 1953, S. 119ff.
Welzel, Hans	Anmerkung zum Urteil des BGH vom 1. 10. 1953. In: JZ 1953, S. 763f.
Wilke, Helmut	Die Bedeutung von § 2 StGB in Wissenschaft und Rechtsprechung. Breslau 1938. Strafrechtliche Abhandlungen, Heft 394
Wolf, Erik	Strafrechtliche Schuldlehre. 1. Teil. Mannheim/Berlin/Leipzig 1928
Wolf, Erik	Der Sachbegriff im Strafrecht. In: RG-Festgabe Bd. V, S. 44ff.
Wolf, Erik	Die Typen der Tatbestandsmäßigkeit. Breslau 1931
Wolf, Erik	Tattypus und Tätertypus. In: ZAkDR 1936, S. 358ff.
Wolff, Hans Julius	Verwaltungsrecht I. Ein Studienbuch. München und Berlin 1956
Wolff, Karl	Grundlehre des Sollens. Innsbruck 1924
Wolter, Ladislaus	Normative Tatbestandsmerkmale. In: MonKrimPsych. Bd. 21 (1930), S. 455ff.
Zimmerl, Leopold	Zur Lehre vom Tatbestand. Breslau 1928. Strafrechtliche Abhandlungen, Heft 237
Zitelmann, Ernst	Die Kunst der Gesetzgebung. In: Neue Zeit- und Streitfragen. Dresden 1904

Die Titel sind im Text abgekürzt aufgeführt. Zeitschriftenaufsätze sind nur der Fundstelle nach zitiert.

Verzeichnis der Abkürzungen

AT	Allgemeiner Teil
BT	Besonderer Teil
BGH, Bd u. S.	Entscheidungen des Bundesgerichtshofs in Strafsachen
DVBl.	Deutsches Verwaltungsblatt
DÖV	Die öffentliche Verwaltung
DR	Deutsches Recht
DRZ	Deutsche Rechts-Zeitschrift
Goltd. A.	Goltdammers Archiv für Strafrecht
GS	Der Gerichtssaal
HRR	Höchstrichterliche Rechtsprechung
JR	Juristische Rundschau
JW	Juristische Wochenschrift
JZ	Juristenzeitung
LK	Strafgesetzbuch. Leipziger Kommentar. Begründet von Ebermayer, Lobe, Rosenberg. 6./7. Aufl. Berlin 1953; 8. Aufl. (§§ 1—152) Berlin 1957 (hrsg. von Jagusch u. Mezger)
LZ	Leipziger Zeitschrift für deutsches Recht
MDR	Monatsschrift für deutsches Recht
MonSchrKrimPsych	Monatsschrift für Kriminalpsychologie und Strafrechtsreform
NJW	Neue Juristische Wochenschrift
NsRpfl	Niedersächsische Rechtspflege
OGH, Bd u. S.	Entscheidungen des Obersten Gerichtshofes für die Britische Zone in Strafsachen
RG, Bd u. S.	Entscheidungen des Reichsgerichts in Strafsachen
RG-Festgabe	Die Reichsgerichtspraxis im deutschen Rechtsleben. Festgabe für das Reichsgericht Berlin und Leipzig 1929
RG Rspr	Rechtsprechung des Reichsgerichts in Strafsachen
SJZ	Süddeutsche Juristenzeitung
StrÄG	Strafrechtsänderungsgesetz
VD	Vergleichende Darstellung des deutschen und ausländischen Strafrechts
Z oder ZStW	Zeitschrift für die gesamte Strafrechtswissenschaft
ZAkDR	Zeitschrift der Akademie für deutsches Recht

Einleitung

Der Begriff des „normativen Tatbestandsmerkmals", den Max Ernst Mayer 1915 prägte, gehört seither zu den festen Bestandstücken aller strafrechtlichen Lehrbücher, systematischen Einzelschriften und Kommentare. Ebenso zahlreich wie diese sind aber die Inhalte, die diesem Begriff und seinem Gegenstück, dem Begriff des „deskriptiven" Tatbestandsmerkmals, gegeben wurden. Es fällt daher schwer, am Beginn einer Untersuchung über die sogenannten „normativen" Tatbestandsmerkmale den Gegenstand der Untersuchung so zu umreißen, daß auch nur in etwa das allen bisherigen Definitionen und Klassifizierungen Gemeinsame getroffen wird.

Am ehesten darf vielleicht folgende bewußt allgemein gehaltene Abgrenzung auf weitgehende Billigung hoffen:

„Deskriptive" Tatbestandsmerkmale betreffen Umstände, deren Vorliegen auf Grund sinnlicher Wahrnehmung ohne einen längeren Denkprozeß festgestellt werden kann. Alle anderen Merkmale sind „normativer" Art.

Gegenstand dieser Arbeit sind nur die „normativen" Elemente der besonderen strafrechtlichen Tatbestände. „Normative" Elemente sonstiger Art — etwa bei der Schuld oder in der Rechtsfolgebestimmung — scheiden aus der Betrachtung aus.

ERSTER TEIL

Dogmengeschichte und Kritik der Lehren von den normativen Tatbestandsmerkmalen

A

Die praktisch-dogmatische, an der Vorsatzfrage orientierte Behandlung der normativen Tatbestandsmerkmale

I. Der naturalistische Vorsatzbegriff und die Lehre vom error facti und error juris.

In der Geschichte der normativen Tatbestandsmerkmale in Rechtsprechung und Rechtslehre vom letzten Drittel des 19. Jahrhunderts bis in unsere Tage lassen sich deutlich zwei verschiedene Entwicklungsstränge verfolgen: ein praktisch-dogmatischer, dem unmittelbaren Bedürfnis der Rechtsanwendung entspringender, und ferner ein philosophisch-theoretischer, der diese Merkmale und ihre gegenständlichen Entsprechungen in das philosophische Weltbild einzuordnen bemüht ist.

Diese Erscheinung ist an und für sich nichts Besonderes. Auffallend ist jedoch, daß es in diesem Problemkreis, ganz im Gegensatz zu anderen Problemen der Strafrechtswissenschaft, an einer echten wechselseitigen Durchdringung und Befruchtung von Theorie und Praxis in hohem Maße fehlt. So konnte z. B. nicht ganz zu Unrecht H. J. Bruns im Jahre 1938 schreiben, der Gegensatz von „deskriptiven" und „normativen" Tatbestandsmerkmalen, der inzwischen in der Wissenschaft herausgearbeitet worden war, habe sich „für das Vorsatzproblem" (an dem sich die gesamte Diskussion ursprünglich entzündet hatte) „als unerheblich herausgestellt"[1]). Fehlte es doch bis 1926, von M. E. Mayers kurzen, mehr aphoristisch hingeworfenen Bemerkungen in seinem Lehrbuch abgesehen, in denen er den Begriff „normative Tatbestandsmerkmale" prägte[2]), völlig an einer theoretisch-grundsätzlichen Besinnung auf das Wesen dieser Merkmale (wenngleich natürlich unausgesprochen auch bis dahin eine bestimmte theoretische Grundüberzeugung hinter den Äußerungen zu der Frage gestanden hatte). 1926 erschien Grünhuts Jenaer Antrittsrede „Begriffsbildung und Rechtsanwendung im Strafrecht", und 1927 veröffentlichte Mezger in der Traeger-Festschrift

[1]) Die Befreiung des Strafrechts vom zivilistischen Denken, S. 317, Anm. 15.
[2]) Lb., 1. Aufl., AT, S. 182.

seinen Beitrag „Vom Sinn strafrechtlicher Tatbestände". Diese Abhandlungen verblieben aber, ebenso wie die meisten der folgenden theoretischen Erörterungen, im Raume eines philosophischen Theorems, ohne dieses bis zu einer Antwort auf die brennenden Fragen um die normativen Tatbestandsmerkmale im Raume des problematischen Dreiecks von Gesetz, Richter und Täter durchzudenken.

Diese Lage macht es möglich, ja erforderlich, für den historischen Überblick, den zu geben sich die vorliegende Arbeit zunächst zum Ziele gesetzt hat, neben den chronologischen Gesichtspunkt den sachlichen der Unterscheidung nach mehr praktisch-dogmatischer oder mehr philosophisch-theoretischer Behandlung zu stellen und also die beiden genannten Entwicklungsstränge für sich getrennt zu verfolgen.

Im Vordergrund des praktischen Interesses an den normativen Tatbestandsmerkmalen steht naturgemäß von Anfang an die Frage: Wann schließt ein Irrtum des Täters über ein solches Merkmal den Vorsatz aus? — oder die inverse Frage: Was muß der Täter von seiner Tat gekannt oder gewußt haben, damit man sagen kann, er habe mit Vorsatz gehandelt? Die formale Antwort gibt § 59 Abs. 1 StGB: Er muß (mindestens[1]) „die Tatumstände" gekannt haben, „welche zum gesetzlichen Tatbestande gehören", muß gewußt haben, was er tat, muß, kurz gesagt, seine Tat gekannt haben. Was aber ist das: die Tat? Diese Frage wird zum Angelpunkt der gesamten Entwicklung für viele Jahre.

Der naturalistischen, am rein kausal-mechanischen Weltbild orientierten Grundauffassung des späten 19. Jahrhunderts entspricht es zu sagen, die Tat sei das Bewirken eines „Erfolges", nämlich einer „sinnfälligen Veränderung der Außenwelt"[2]), das Verbrechen „jederzeit eine, wenn auch noch so unscheinbare materielle, sinnlich wahrnehmbare Veränderung der Außenwelt, . . . mag sie sich auch, wie regelmäßig bei den durch das gesprochene Wort begangenen Verbrechen, auf die Erregung von Luftschwingungen und von physiologischen Prozessen in dem Nervensystem des Angegriffenen beschränken" (v. Liszt[3]), oder, wie Liszt's Schüler Heinemann bündig sagt, nichts als ein „Ereignis der Sinnenwelt"[4]). Denn: „Die Wirkung des menschlichen Willens als einer der Sinnenwelt angehörigen Erscheinung kann immer nur ein Vorgang sein, welcher ebenfalls sinnfälliger Art ist, d. h. stets nur eine in der Außenwelt geschehene Veränderung . . ."[5]). „Tatumstände" sind folglich nur „sinnlich wahrnehmbare Eigenschaften" der Tat[6]). Hieraus muß

[1]) über dieses Mindesterfordernis besteht Einigkeit.

[2]) v. Liszt, Lb., 10. Aufl., S. 102.

[3]) Lb., 2. Aufl., S. 107; vgl. Radbruch, Frank-Festschrift, Bd. 1, S. 161: die Beleidigung als „eine Reihe von Kehlkopfbewegungen, Schallwellenerregungen, Gehörreizungen und Gehirnvorgängen" anzusehen, gehe am „Wesentlichsten" gerade vorbei: dem „sprachlichen Sinn" und der „sozialen Bedeutung".

[4]) Z. XIII, S. 382.

[5]) Heinemann, Die Binding'sche Schuldlehre, S. 34.

[6]) M. E. Mayer, Lb., AT, S. 7.

sich dann weiter ergeben, daß die Kenntnis dieser „Tat“ nichts ist als die Kenntnis eben dieser sinnfälligen Veränderung der Außenwelt, die Kenntnis der Tatsachen der äußeren Erscheinungswelt[1]). Die Unkenntnis dieser sinnfälligen Momente, und nur sie, schließt also danach den Vorsatz aus.

Dieses auf der Grundlage der geschilderten Wirklichkeitsbetrachtung gewonnene Ergebnis verlieh das sichere Bewußtsein, daß man sich in Übereinstimmung befand mit dem autoritätsträchtigen Satze des Paulus aus dem Corpus juris:

„Regula est juris quidem ignorantiam cuique nocere, facti vero ignorantiam non nocere“[2]),

dessen bestechende Simplizität schon seit je die Juristen gefesselt hatte. Es schien also doppelt „bewiesen“, daß man auf der richtigen Spur war, wenn man nur den sogenannten error facti berücksichtigte. Dabei muß gesagt werden, daß unter den maßgebenden Kennern des römischen Rechts Inhalt und Tragweite dieses Satzes durchaus kontrovers geblieben waren: Engelmann nahm z. B. an, daß der Satz, entgegen seinem allgemein gehaltenen Wortlaut, gar „nicht aufs Strafrecht gemünzt“, sondern „zivilrechtlich gedacht“ sei[3]), und daß die Römer und ihnen folgend die italienischen Juristen des Mittelalters im Strafrecht auch dem Rechtsirrtum grundsätzlich vorsatzausschließende Kraft beigemessen hätten[4]). Die Untersuchungen von Pernice[5]) und Mommsen[6]) gipfelten in der Feststellung, daß ein festes Prinzip für die Behandlung des Rechtsirrtums im Strafrecht bei den Römern nicht existiert habe. Und kein Geringerer als Savigny[7]) interpretierte den Satz dahin, er gehe auf den Grundsatz zurück, entschuldbarer Irrtum sei zu berücksichtigen, unentschuldbarer dagegen nicht; der Lehrsatz vom error juris und error facti sei, da in der Regel der Rechtsirrtum als unentschuldbar angesehen worden sei, nur die erstarrte Formel für jenen Grundsatz. Engelmann weist[8]) darauf hin, daß die „regulae“ nie Rechtsgrundsätze, sondern eine Art Erfahrungssätze darstellten, „abgeleitete Regeln, die das regelmäßige Ergebnis der Anwendung von Rechtssätzen aussprechen“. „Denn nicht aus der Regel ergibt sich die Rechtsanwendung, sondern aus der Rechtsanwendung die Regel.“

---

[1]) vgl. v. Liszt, Lb., 10. Aufl., S. 148: Vorsatz sei zunächst „die Voraussicht des Erfolges“ in dem oben umschriebenen Sinne; über seine Erweiterung des Vorsatzbegriffes s. u. S. 9.

[2]) Paulus, D 22, 6,9, pr.

[3]) Irrtum und Schuld, S. 40.

[4]) a. a. O., S. 46, 175 ff.

[5]) Labeo Bd. II, 2. Aufl., S. 119 ff. (122f.).

[6]) Römisches Strafrecht, S. 92 ff.

[7]) System, Bd. III, S. 114; dazu Binding, Normen III, S. 40.

[8]) a. a. O., S. 41, 44.

II. Die dem error facti gleichgestellten Rechtsirrtümer und die v. Liszt'sche Subsumtionstheorie.

Jedoch kommt es in unserem Zusammenhang nicht darauf an, ob der so berühmt gewordene Satz so, wie man ihn tatsächlich verstand, historisch richtig verstanden ist; hier geht es darum zu zeigen, daß er wirklich das strafrechtliche Denken in der Vorsatz- und Irrtumslehre beherrschte.

Wie sehr das aber der Fall war, wird bewiesen durch die Tatsache, daß man, um seine Geltung formal unangetastet zu lassen, sich nicht scheute, ohne weitere Begründung gewisse, als solche klar erkannte Rechtsirrtümer, deren Berücksichtigung unabweisbar erschien, einfach zu sogenannten „Tatirrtümern" zu stempeln, indem man erklärte, gewisse Rechtsverhältnisse usw. seien eben „den Tatsachen gleichzustellen"[1]) — ein Verfahren, das in fataler Weise an das Schulparadigma von den Hunden erinnert, die „Pferde im Sinne des Gesetzes" sind.

1. Diese den Tatsachen „gleichzustellenden" Rechtsverhältnisse und Rechtsbegriffe waren nach der Auffassung des Reichsgerichts und mancher Autoren[2]) die sogenannten „außerstrafrechtlichen". So ließ sich die groteske Folgerung vermeiden, denjenigen, der eine weggenommene Sache für seine eigene statt für eine fremde gehalten hat, wegen Diebstahls zu bestrafen, weil der Irrtum kein „faktischer" sei.

Auch sonst finden wir mancherlei gewundene Gedankengänge vor, auf denen das Ziel der Beibehaltung der naturalistischen Grundposition und der Aufrechterhaltung des römisch-rechtlichen Satzes unter Umgehung der vollen Konsequenzen, also durch die Statuierung von Ausnahmen, erreicht werden soll.

Lucas[3]) begründet die Zugehörigkeit von „nicht strafrechtlichen Momenten" zum gesetzlichen Tatbestand und demgemäß das Erfordernis der Vorsatzerstreckung auf sie mit dem Hinweis, daß gerade diese dem Tatbestand „das Wesen der Strafbarkeit verleihen. Diese nicht strafrechtlichen Momente in ihrer Anwendung auf den untergebenen konkreten Fall müssen daher als ‚Tatumstände' angesehen werden, ‚welche zum gesetzlichen Tatbestande gehören', und unterfallen deshalb der Regel des § 59 StGB."

Unerfindlich bleibt dabei, wieso nicht etwa auch das Merkmal „Urkunde" oder „Unzucht" „dem Tatbestand das Wesen der Strafbarkeit verleihen" soll.

2. v. Bar sucht die Geltung des römisch-rechtlichen Satzes dadurch aufrechtzuerhalten, daß er nur wenige Ausnahmen von ihm zuläßt. All-

---

[1]) RG 4/233; 7/63 (§ 59 StGB gilt nur beim „Irrtume über Tatsachen, insbesondere auch über Grundsätze des Zivilrechts"!); 10/234; 20/246; Olshausen, 11. Aufl., Anm. 1, 2 zu § 59; vgl. Ebermayer, LZ 1918, Sp. 801f.

[2]) Olshausen, a. a. O.; Lucas, Subj. Verschuldung, S. 88 ff.

[3]) a. a. O., S. 88f.

gemein gilt der Satz: „Der Dolus bemißt sich ... nach der Wissenschaft des Handelnden von den Tatsachen ..."[1]); oder: „... der Vorsatz ... besteht in dem auf den äußeren Kausalzusammenhang ... gerichteten Streben ..."[2]). Unkenntnis von Rechten, Rechtsbegriffen usw. würde demnach für den Vorsatz unerheblich sein.

Dennoch fordert v. Bar[3]) volle Kenntnis solcher rechtlichen Tatbestandsmerkmale, die konkrete („subjektive") Rechte oder Pflichten betreffen, wie z. B. die Fremdheit einer Sache oder die Beamtenstellung. Dagegen mißt er derjenigen Rechtsunkenntnis, die auf einer Verkennung der „allgemeinen Regeln des menschlichen Handelns" beruht und „einem zuwenig altruistischen Charakter entstammt", keine Bedeutung bei. „Die Unwissenheit über das Einzelne, das Individuelle, ist nicht ein Grundfehler des Charakters und beruht daher, wenn sie in der Tat hervortritt, nicht auf solchem Fehler."[4])

Mit dieser Unterscheidung nähert sich v. Bar bereits sehr nahe den Grundlagen der modernen Trennung von Tatbestands- und Verbotsirrtum[5]). Nur halten die Achtung vor dem römisch-rechtlichen Begriffspaar und die naturalistische Grundeinstellung, die sich nicht entschließen kann, die Tat statt als ein kausales Bewirken eines sinnfälligen Erfolges als eine reale Sinneinheit im sozialen Raum und demgemäß den Vorsatz als auf diese Sinneinheit bezogen anzusehen, ihn davon ab, diesen Gedanken zu Ende zu führen. So läßt er es denn für Merkmale wie „Unzucht", „Urkunde", bei dem Erfordernis der „Tatsachenkenntnis", also der Kenntnis des rein physischen Geschehensablaufs, bewenden: nur „error facti" könne hier den Vorsatz ausschließen.

3. Zu einer interessanten Unterscheidung führen die Bemühungen Hälschners zur Rettung der Lehre, daß error juris nocet, error facti non nocet. Auch er bezieht § 59 Abs. 1 StGB nur auf den „faktischen" Irrtum[6]). Nur versteht er darunter etwas ganz anderes als die bisher genannten Autoren.

„Tatsachen" nennt er nicht nur die Gegebenheiten der Erscheinungswelt, sondern auch „das Dasein eines Rechtssatzes" ist eine „(rechtliche) Tatsache"[7]), weshalb „auch der Rechtsirrtum sich (dem Gegenstande nach) auf eine Tatsache bezieht"[8]). Wenn nun ein Irrtum bezüglich einer

---

[1]) Gesetz und Schuld, Bd. 2, S. 362.

[2]) a. a. O., S. 395.

[3]) a. a. O., S. 395 ff.

[4]) a. a. O., S. 395. v. Bar beruft sich für diese Unterscheidung ausdrücklich auf Aristoteles, Nikomachische Ethik, III, 2, 1110b und Pufendorf, De jure naturae, 1, c. 3, § 10.

[5]) Welzel, Vom irrenden Gewissen, S. 7 und Anm. 5 a. a. O., sagt von der zitierten Aristoteles-Stelle, daß dem Aristoteles hier „die Unterscheidung von Verbots- und Tatbestandsirrtum in einer noch heute gültigen Weise" gelungen sei.

[6]) Das gemeine deutsche Strafrecht, Bd. 1, S. 266.

[7]) a. a. O., S. 263, 264.

[8]) a. a. O., S. 263.

solchen „rechtlichen Tatsache" vorliegt, so ist „wohl zu unterscheiden, ob der . . . Irrtum seinem Grunde nach ein faktischer oder ein Rechtsirrtum ist: wer infolge Verwechslung des Gegenstandes sich als Eigentümer der fremden Sache betrachtet, befindet sich in einem faktischen Irrtum, wer dagegen infolge Irrtums über einen Satz des Zivilrechts irrigerweise annimmt, Eigentum an der Sache erworben zu haben, befindet sich in einem Rechtsirrtum"[1]).

Es fällt schwer, aus dieser Irrtumslehre, die nicht mehr den Erkenntnisgegenstand (sinnfälliges oder geistig verstehbares Ereignis) als Unterscheidungsmerkmal verwendet, durch Inversion der Irrtumsregeln eine klare Antwort auf die Frage zu finden, was zum Inhalt des Vorsatzes gehört. Man müßte schon sagen: zum Vorsatz gehört auch die Kenntnis der rechtlichen Bedeutung sinnfälliger Gegebenheiten, aber nur, sofern sie auf der richtigen Einschätzung der sinnfälligen Gegebenheiten selbst beruht — eine Definition des Vorsatzinhaltes, der man sich nur anschließen kann, wenn man wie v. Bar von der unumstößlichen Richtigkeit des Satzes vom error facti überzeugt ist. Immerhin versucht Hälschner hier, im Gegensatz zu den oben zitierten Entscheidungen des Reichsgerichts, feste Kriterien dafür aufzustellen, welche Rechtsirrtümer den Tatirrtümern gleichzustellen sind.

Es kann uns hier nicht darauf ankommen, die einzelnen Lehren, die gewisse „Rechtsirrtümer" den „Tatsachenirrtümern" gleichstellen wollten, auf ihre Stichhaltigkeit zu überprüfen oder ihrer Genealogie nachzugehen[2]). Vielmehr interessiert uns, da es in dieser ersten Phase der

---

[1]) a. a. O., S. 264.

[2]) Es seien nur kurz einige Hinweise auf die Geschichte der am meisten verbreiteten und wirksamsten Unterscheidung gegeben, nämlich derjenigen des Reichsgerichts in den strafrechtlichen und außerstrafrechtlichen Irrtum:

In die Diskussion eingeführt wird sie von Luden, (Handbuch, Bd. 1, S. 266 ff.), nachdem schon Wächter (Lb., Bd. 1, S. 121) und Jarcke (Handbuch, Bd. 3, S. 72, Anm. 20) einige Andeutungen in dieser Richtung gemacht hatten. Eine auch nur einigermaßen stichhaltige Begründung sucht man bei allen genannten Autoren vergebens. Arthur Kaufmann (Die strafrechtliche Schuldlehre, S. 51) vermutet, es könne die auf naturrechtlichen Gedankengängen beruhende Vorstellung maßgebend gewesen sein, daß das Strafrecht im wesentlichen mit dem jedem Menschen eingeborenen Sittengesetz übereinstimme. — Die Unterscheidung ging dann in das Strafgesetzbuch für das Königreich Sachsen vom 13. August 1855 ein: Während Irrtum über „Tatsachen, . . . soweit sie auf die Handlung von Einfluß gewesen sind", immer (Art. 95, Abs. 1), „Unbekanntschaft mit dem Gesetze, welches die Handlung mit Strafe bedroht", nie (Art. 95, Abs. 2) berücksichtigt wird, soll eine Strafmilderung eintreten, „. . . wenn die Handlung aus einem Rechtsirrtume hervorgegangen ist, welcher sich nicht auf das Strafgesetz, sondern auf andere bei der Handlung in Betracht kommende Rechtsgrundsätze bezieht" (Art. 97 i. V. m. Art. 96). Nach Luden und Lucas ist, soweit ersichtlich, die Unterscheidung von keiner Seite in der profanen Strafrechtswissenschaft mehr aufgenommen worden. Wohl folgte ihr Hinschius, System des katholischen Kirchenrechts, Bd. V, S. 921 ff. Die moderne kanonische Literatur hat diese Lehre aufgegeben; vgl. z. B. Mörsdorf bei Eichmann-Mörsdorf III, S. 312, der dem Tatsachenirrtum und

Dogmengeschichte immer nur um das Vorsatzproblem geht, lediglich die Frage: wie muß nach diesen Lehren die Vorstellung des Täters von den gegenständlichen Entsprechungen der normativen Tatbestandsmerkmale beschaffen sein, damit man von vorsätzlicher Begehung sprechen kann?

Und hier ergibt sich aus dem schon Ausgeführten folgendes:

1. Gewisse Gruppen von „Rechtsirrtümern" den „tatsächlichen" Irrtümern gleichstellen hieß, für die Kenntnis der entsprechenden Merkmale volle Subsumtion unter den gesetzlichen Begriff fordern. Erwägungen in der Richtung der uns heute geläufigen „Subsumtion nach Laienart"[1]) oder der „Parallelwertung in der Laiensphäre"[2]) oder der „Parallelbeurteilung im Täterbewußtsein"[3]) spielten dabei zunächst keine Rolle. Damit bot sich also für die Berücksichtigung von Irrtümern ein weites Feld[4]), und in der Tat geht die Rechtsprechung des Reichsgerichts dahin, hier sehr viele Irrtümer für beachtlich zu halten[5]).

„Richtige Subsumtion der Tatsachen unter das Gesetz in ihrer juristisch zutreffenden Gestalt" hatte auch v. Liszt für alle nicht rein faktischen Tatbestandsmerkmale gefordert und es für die Schuld des Gesetzgebers erklärt, daß er in § 59 StGB „bedauerlicherweise" dem Vorsatz über seinen „natürlichen" Inhalt hinaus (Voraussicht des sinnfälligen Erfolges) diese Subsumtion zugewiesen habe[6]). Ähnlich wie v. Liszt urteilten auch Merkel-Liepmann[7]), Wachenfeld[8]) und Kahn[9]). Alle die Lehren, die eine Scheidung nach beachtlichen und unbeachtlichen Rechtsirrtümern vornehmen, stellen also, wie Eichmann[10]) richtig hervorhebt, „eine Kombination der von Liszt'schen Subsumtionstheorie mit der Lehre vom faktischen Irrtum dar". Gegen v. Liszt wurde eingewandt — und dieser Einwand trifft auch die anderen Lehren, soweit sie der von Liszt'schen entsprechen —, seine Auffassung „hieße das vorsätzliche Verbrechen für die Juristen und diejenigen Laien, die mehr oder weniger zufällig juristische Kenntnisse besitzen, reservieren"[11]).

---

dem verzeihlichen Rechtsirrtum entschuldigende Kraft beimißt; vgl. auch Cod. Jur. Can., c. 2202.

[1]) Binding, Normen, Bd. 3, S. 148.

[2]) Mezger, Lb., 3. Aufl., S. 328; vgl. schon dens. JW 1927, S. 2007.

[3]) Welzel, JZ 1954, S. 279; vgl. hierzu unten S. 24 ff.

[4]) Kohlrausch, Rechtsirrtum, S. 119.

[5]) vgl. hierzu die Nachweise bei Kohlrausch a. a. O.

[6]) Lehrbuch, 10. Aufl., S. 152 u. Note 8.

[7]) S. 105, 107, 108.

[8]) S. 151.

[9]) S. 53.

[10]) S. 34.

[11]) Beling, L. v. V., S. 188f.; ebenso v. Hippel, VD AT, Bd. 3, S. 561 ff.; Frank, 18. Aufl., II zu § 59 StGB. Gegen v. Liszt ferner: v. Bar, Gesetz und Schuld, Bd. 2, S. 416; Heinemann, Die Bindingsche Schuldlehre, S. 136; Kohl-

2. Die Beibehaltung der naturalistischen Ausgangsposition für die übrigen Rechtsirrtümer bedeutet: In den nicht unter 1. gehörigen Fällen genügt zum Vorsatz Kenntnis der sinnfälligen Erscheinungen auch, soweit „Rechtsbegriffe“ in Rede stehen; es genügt die Kenntnis ihrer „Tatsachengrundlage“. Nur der Irrtum über diese schließt also den Vorsatz aus.

Wurde für die Kenntnis der Merkmale der ersten Gruppe also auffallend viel, so wurde für diejenige der Merkmale der zweiten Gruppe außerordentlich wenig verlangt.

III. Der „strafrechtliche Rechtsirrtum“ in der Rechtsprechung des Reichsgerichts.

Wie sah nun die Behandlung des Vorsatzes bei den Rechtsbegriffen der zweiten Gruppe, wenn nur Kenntnis des Tatsachenleibes erfordert wurde, im einzelnen aus? Betrachten wir daraufhin die Rechtsprechung des Reichsgerichts, für die ja die zweite Gruppe mit der Kategorie der „strafrechtlichen Rechtsbegriffe“ zusammenfiel[1]):

In dem durch das Urteil RG 40/203 entschiedenen Falle war fraglich, ob der Täter, der eine öffentliche Urkunde gefälscht hatte (der frühere § 268 StGB), vorsätzlich gehandelt hatte. Das Reichsgericht führt hierzu aus: „Das Bewußtsein davon, daß eine bestimmte Urkunde ... eine öffentliche im Sinne von § 268 Abs. 1, Nr. 2 ist, kann ... dem Täter fehlen, erstens, weil er den allgemeinen gesetzlichen Begriff oder einzelne gesetzliche Begriffsmerkmale unrichtig erfaßt, zweitens, weil er eine oder mehrere der maßgebenden sinnfälligen Eigenschaften der ... Urkunde ... nicht kennt, drittens, weil er bei ihrer Vergleichung mit den gesetzlichen Begriffsmerkmalen einen Denkfehler begeht. Während offenbar nur im zweiten Falle eine Unkenntnis des Vorhandenseins von Tatumständen, wie sie § 59 Abs. 1 StGB meint“, gegeben sei, läge „in den beiden anderen Fällen aber lediglich ein für die Schuldfrage belangloser Irrtum über das Strafgesetz im allgemeinen oder über seine Anwendbarkeit auf den Einzelfall“ vor.

Für die Kenntnis des Charakters eines Spieles als „Glücksspiel“ i. S. der §§ 284ff. StGB genügt es nach RG 43/23, wenn der Täter „die Beschaffenheit der Spielvorrichtung“, die ausdrücklich als „ein tatsäch-

---

rausch, Der Rechtsirrtum, S. 109 ff.; Allfeld, 9. Aufl., S. 168, Anm. 14; M. E. Mayer, AT, S. 260, Anm. 9, S. 264; Eichmann, S. 15 ff.; Mezger, JW 1927, S. 2006 ff.

[1]) Daß die Scheidung in strafrechtlichen und außerstrafrechtlichen Irrtum, wie sie das RG vorsah, keinen klar erkennbaren, festen Prinzipien folgte, sondern oft nur vom „Rechtsgefühl“ diktiert war, ist oft genug betont worden, z. B. aus den Kreisen der Reichsgerichtsräte selbst von Hartung, DRZ 49/342 ff. So wurde z. B. der Irrtum über die Beamteneigenschaft bei den Amtsdelikten bald als strafrechtlicher, bald als außerstrafrechtlicher, weil verwaltungsrechtlicher, Irrtum behandelt: vgl. einerseits die unten S. 12, Anm. 2 zitierten Entscheidungen, andererseits RG 23/374; RG JW 31/63; vgl. schon Kohlrausch, Irrtum, S. 119 ff.

liches Verhältnis" bezeichnet wird, erkannt hat; eine vorsätzliche Ausspielung (§ 286 StGB) veranstaltet nach RG 34/140, wer „alle Tatsachen, die den Begriff einer Ausspielung begründen", richtig erkannt hat[1]). In all diesen Fällen wird nicht gefordert, der Täter müsse den aleatorischen Charakter des Geschehens irgendwie erfaßt haben.

Der Vorsatz, unzüchtige Handlungen vorzunehmen, Unzucht zu fördern usw., erschöpft sich nach zahlreichen Entscheidungen[2]) in der bloßen Wissentlichkeit und Willentlichkeit der Vornahme der betreffenden Körperbewegung, also etwa des Berührens fremder Geschlechtsteile in wollüstiger Absicht. Die Frage der Kenntnis des das allgemeine geschlechtliche Ehrgefühl verletzenden Charakters der Handlung wird nicht berührt[3]). Nach der Entscheidung RG Goltd. A. 60/445, die den Fall betrifft, daß ein Elternpaar den Beischlaf des Sohnes mit seiner Verlobten in der elterlichen Wohnung duldete, genügt zum Vorsatz der Kuppelei i. S. der §§ 180, 181 Abs. 1, Nr. 2 StGB „das Bewußtsein der Angeklagten, durch ihr Verhalten objektiv günstigere Bedingungen für den geschlechtlichen Verkehr . . . zu schaffen. Handelten sie mit diesem Bewußtsein, so schützt sie ihr Irrtum, daß der Beischlaf zwischen Verlobten nicht gegen die geschlechtliche Zucht und Sitte verstoße, nicht vor Strafe, denn er betrifft nicht das Vorhandensein eines zum gesetzlichen Tatbestand gehörenden Tatumstandes i. S. von § 59 StGB, sondern lediglich den Strafrechtsbegriff der Unzucht und ist deshalb als Irrtum über das Strafgesetz unbeachtlich . . .".

Es bleibt unverständlich, inwiefern es sich bei dem Begriff der „Unzucht" um einen „Strafrechtsbegriff" handeln soll. Wenn man, wie es das Reichsgericht des öfteren tut (z. B. beim Beamtenbegriff, dessen maßgebliche Regelung es einmal in § 359 StGB, ein andermal im Verwaltungsrecht erblickt), die Unterscheidung nach dem Rechts- oder Lebensgebiet trifft, auf dem der betreffende Begriff normiert ist, so kann man nicht umhin zuzugeben, daß das Strafrecht jedenfalls nicht das Lebensgebiet ist, das inhaltlich bestimmt, was „Unzucht" ist. Dies ist vielmehr das Forum der moralischen Anschauungen. Dem kann nicht entgegengesetzt werden, daß der Begriff durch Aufnahme ins StGB zum strafrechtlichen werde: das müßte dann auch von Merkmalen wie „fremd", „Urkunde" usw. gelten[4]).

Das Vorliegen „derselben Rechtssache" i. S. des § 356 StGB kennt nach RG 62/157, wer „diejenigen Tatsachen (kennt), aus denen sich bei zutreffender rechtlicher Beurteilung für beide Mandate das Vorliegen derselben Rechtssache ergibt"[5]).

---

[1]) vgl. auch RG 16/86; 60/362.
[2]) z. B. RG 8/172; 40/326; Goltd. A. 60/445; LZ 20/Sp. 898.
[3]) Über den Vorsatzinhalt bei der Unzüchtigkeit vgl. unten Seite 101 ff.
[4]) vgl. Lobe in LK, 5. Aufl., 7a zu § 59.
[5]) ähnlich RG 58/247.

Für die Kenntnis der Amtspflicht i. S. der Beamtendelikte sowie die der Fürsorgepflicht als Vormund, Pflegevater usw. i. S. des § 174 StGB (die alle als zum Tatbestand gehörig betrachtet wurden[1]) reicht nach ebenfalls sehr zahlreichen Entscheidungen[2]) das Wissen um den tatsächlichen Anstellungs- oder Bestallungsakt aus[3]).

Die Beispiele aus der reichsgerichtlichen Rechtsprechung ließen sich noch weiter vermehren, doch genügt diese Auswahl, um das Wesentliche hervortreten zu lassen.

Erwähnt sei aber der Vollständigkeit halber noch, daß auch bei einigen ganz ohne Zweifel „strafrechtlichen" normativen Merkmalen das Reichsgericht volle Kenntnis fordert. Für die Kenntnis der Vortat i. S. des § 257 StGB ist nach RG 5/23 zunächst erforderlich, „daß der Angeklagte bei der Beistandleistung das tatsächliche Vorhandensein derjenigen Merkmale kannte, worin das Gesetz irgendein Verbrechen oder Vergehen ausgeprägt findet." — Dies würde nach der sonstigen Judikatur des Reichsgerichts zum Vorsatz ausreichen. Hier aber wird ausgeführt, daß „die Kenntnis des Angeklagten von der Strafbarkeit der begünstigten Handlung" nicht einmal genüge. Was darüber hinaus noch erforderlich sein soll, bleibt hier ungesagt, läßt sich aber vielleicht aus RG 13/81 ergänzen, wo der Vorsatz des Begünstigers damit begründet wird, er habe „gewußt, (die Vortat) sei eine schwere, also entweder ein Verbrechen oder ein Vergehen". — Nach RG 55/234 genügt das Wissen von den tatsächlichen Merkmalen der Vortat i. S. des § 259 für den Vorsatz nicht. Erforderlich ist vielmehr „das Wissen, daß die Sache zur Zeit des Ankaufs usw. mit dem Makel des Erwerbs durch strafbaren Eingriff in fremdes Eigentum behaftet ist, daß der Vortäter sie durch ... eine strafbare Handlung erlangt hat."

IV. Die Aufspaltung der normativen Tatbestandsmerkmale bei Beling.

Beling trennte in seiner „Lehre vom Verbrechen" scharf zwischen der nur-realen Handlung und ihrer nur-begrifflichen Tatbestandsmäßig-

---

[1]) Über ihre Behandlung als „Rechtspflichtmerkmale" vgl. unten S. 65.

[2]) z. B.: RG 53/131; 57/367; 58/10; 73/171; 74/109; RG Goltd. A. 58/174; vgl. auch OGH 2/106; BGH 1/17.

[3]) Sofern diese Merkmale nicht, was auch vorkommt, überhaupt als außerstrafrechtliche (z. B. beim Beamtenbegriff als verwaltungsrechtliche) angesehen werden, so daß volle Subsumtion erforderlich ist. Vgl. RG 23/374; RG JW 31/63; RG HRR 37/684. Welzel (JZ 52/208f.) weist darauf hin, daß das Reichsgericht mit dieser Rechtsprechung die Lehre von der Amtspflicht als „Rechtspflichtmerkmal", dessen Kenntnis nach den Grundsätzen des Verbotsirrtums zu behandeln sei, sachlich schon vorweggenommen habe. Das zeigt besonders die Entscheidung RG 23/374, die beim Irrtum über die Amtspflicht, obwohl der Beamtenbegriff hier als zum öffentlichen Recht gehörig bezeichnet wird, nicht mehr auf die Lokalisierung der Irrtumsmaterie, sondern auf seine Entschuldbarkeit abstellt; vgl. dazu Kohlrausch, Rechtsirrtum, S. 155; Beling, Z. 18/278.

keit: die Handlung ist ihm ein reales, räumlich-zeitliches, aber „bedeutungsloses“ Substrat, das von den rein begrifflichen Merkmalen des „zeitlosen, raumlosen, existenzlosen“ [1]) Tatbestandes erst Bedeutung verliehen erhält [2]). So genügt es ihm zur Kenntnis des Inhalts der Handlung, wenn „der Vorsatz nur die Tatsachen für sich . . . umspannt“ [3]). Vorsatz bezüglich der Fremdheit einer Sache ist also gegeben, wenn der Täter „zwar die eigentumserzeugenden Tatsachen als solche kannte, daraus aber nicht den Schluß zog, daß der andere Eigentümer der weggenommenen Sache sei“ [4]); bezüglich der Rechtmäßigkeit der Amtsausübung in § 113 StGB (die er für ein Tatbestandsmerkmal hält), wenn „der Täter den Sachverhalt, der die Amtsausübung als rechtmäßig erscheinen läßt, gekannt“ [5]) hat; bezüglich der strafbaren Handlung in § 259 StGB, wenn der Täter „die tatsächlichen Momente“ [6]) gekannt hat, die die Handlung zu einer strafbaren machen, usf.

Sein Vorsatzbegriff ist also noch „naturalistischer“ als der des Reichsgerichts und der diesem nahestehenden Autoren, die immerhin bei vielen Rechtsbegriffen volle Bedeutungskenntnis forderten. Allerdings fährt Beling im Anschluß an die oben zitierten Sätze fort: „Nur ist nicht zu vergessen, daß, wenn auch die Subsumtionsvorstellung für § 59 nicht erforderlich ist, ihr Nichtvorhandensein möglicherweise das Bewußtsein der Rechtswidrigkeit ausschließt und es dann deshalb am Vorsatz fehlt. Das wird namentlich z. B. dann gelten, wenn der Täter die eigentumserzeugenden Tatsachen, die dem anderen zur Seite stehen, nicht als solche aufgefaßt und die Sache als vermeintlich seine eigene weggenommen, zerstört hat usw.“ [7])

V. Zusammenfassung von I.—IV.

Den betrachteten Ansichten über die normativen Tatbestandsmerkmale ist dieses gemeinsam: Die von den normativen Merkmalen intendierten Gegebenheiten werden nicht als eine reale Ganzheit im sozialen Raum angesehen, sondern sie werden zerspalten in einen allein realen Tatsachenleib und einen vom jeweiligen Betrachter darauf gesetzten Begriffskopf; als gegenständliche Wirklichkeit, auf die sich die Merkmale beziehen, wird nur die Welt des Naturforschers angesehen, das rein physikalische, un-geistige Sein der Natur, das nur den Bezugspunkt abgibt für einen begrifflichen Überbau; die gesetzlichen Tatbestände sind nur die Beschreibungen von außenweltlichen Vorgängen und Zuständen, und gleichzeitig dienen sie der Aufprägung von Bedeutungen auf diese.

---

1) S. 111.
2) S. 28; vgl. Welzel, Naturalismus, S. 66.
3) S. 188f.
4) S. 189.
5) S. 190.
6) S. 189.
7) S. 190.

Die Priorität der ersteren Funktion spiegelt sich wider in der Vorsatzlehre, indem die Kenntnis der Bedeutung entweder überhaupt nicht gefordert wird (Beling), oder als eine für manche Fälle unabweisbare Ausnahmeerscheinung (Reichsgericht), oder aber (so v. Liszt) auf Grund einer angeblich positivrechtlich-zufälligen Regelung, die der Natur der Sache gar nicht entspreche.

Den Vorsatz auf das Wissen des Sinnfälligen und des Wollen des „äußeren Erfolges" zu beschränken, heißt aber nichts anderes, als dem Täter Vorsatz vorzuwerfen, obwohl er gar nicht wußte, was er tat. Der Vorsatz wird hier in Wahrheit fingiert. Denn wenn es, wie Heinemann[1]) meint, „ein grober Widerspruch mit den Fundamentalsätzen der Logik" wäre, den Vorsatz auf etwas anderes zu beziehen als auf „das physische Geschehen", das „Ereignis der Sinnenwelt"[2]), dann beginge das geistig zurückgebliebene Dienstmädchen, das einen seinem Herrn gehörenden Wechsel ins Feuer wirft, weil es ihn für ein nutzloses Papierstück hält, eine vorsätzliche Urkundenvernichtung[2a]): was an jenem Papier sinnenfällig war, hat es erkannt, nämlich, daß es sich um ein mit Tintenstrichen bedecktes Stück Papier handelte[3]), und den natürlichen Erfolg in der Sinnenwelt, nämlich die Verbrennung, hat es gewollt. Aber daß es gewußt hätte, was es tat, ist einfach nicht wahr. Sein Wille war nicht auf den Sachverhalt gerichtet, den § 274 StGB beschreibt, und war deshalb gerade kein Vorsatz[4]).

Ein eindrucksvolles Beispiel einer ähnlichen Vorsatzfiktion bietet RG 19/253ff.[5]): Die Entscheidung betrifft den Fall der Veranstaltung eines Glücksspiels i. S. des § 285 StGB. Das Reichsgericht führt ausdrücklich aus, zu einem „Glücksspiel" gehöre eine bestimmte Höhe des Wertes der Einsätze und des Gewinnes und Verlustes; es geht davon aus, daß der Angeklagte sich Werte vorgestellt hatte, die unter jener Grenze lagen und zu gering waren, „um überhaupt einen Vermögenswert zu repräsentieren". Dennoch bejaht es seinen Vorsatz, da er gewußt habe, daß in dem von ihm betriebenen öffentlichen Lokale „ein Spiel gespielt wurde, bei welchem über Gewinn und Verlust lediglich der Zufall entscheidend war, und daß der . . . Einsatz im baren Gelde bestand".

Der Angeklagte war also infolge seines Irrtums über den Betrag der Einsätze und der Gewinne und Verluste weit davon entfernt, das Spiel als vermögensgefährdendes „Glücksspiel" zu erkennen, ja, nach dem sonstigen Begriffsschema des Reichsgerichts kannte er nicht einmal die „tatsächlichen Momente", auf denen die Qualifikation des Spiels als Glücksspiel beruhte. Kurzum: er wußte nicht, was er tat, so daß für die

---

[1]) Z. XIII/430.
[2]) a. a. O., S. 382.
[2a]) wenngleich ohne die „Absicht" des § 274 StGB.
[3]) vgl. dazu Welzel, JZ 54/279; Aktuelle Strafrechtsprobleme, S. 12.
[4]) vgl. Niese, Finalität, S. 53 ff.
[5]) hierzu schon Kohlrausch, Rechtsirrtum, S. 161.

Frage, ob er das Unrechtsbewußtsein hatte, gar kein Raum blieb. Das Reichsgericht hält aber seinen Irrtum für ganz unbeachtlich, da er nur auf einer rechtsirrtümlichen Auslegung des Begriffs eines Glücksspiels beruhe und nicht ein Tatbestandsmerkmal betreffe.

VI. Versuche der Vermittlung zwischen dem naturalistischen Vorsatzbegriff und dem „juristischen" Vorsatzbegriff v. Liszts.

Verlangte also die Lehre v. Liszts, die eine volle Subsumtion unter den Begriff für erforderlich hielt, für den Vorsatz zuviel, so läßt sich andererseits sagen, daß, soweit die Kenntnis der Tatsachengrundlage für ausreichend erklärt wurde, zu wenig verlangt wurde. Man stellte praktisch die unwiderlegliche Präsumtion auf, daß, wer die Tatsachengrundlage erkannt habe, auch den richtigen Schluß gezogen habe — eine Präsumtion, die, wie RG 19/253ff. zeigte, den Charakter einer Fiktion annehmen kann. Eichmann[1]) hat daher durchaus recht mit seiner Bemerkung, „daß die Lösung der gestellten Frage in der Richtung einer Vermittlung zwischen den beiden extremen Lehren der v. Liszt'schen Subsumtionstheorie und der Lehre vom allein beachtlichen Tatsachenirrtum zu suchen ist".

1. Den ersten Versuch, diese richtige Mitte zu finden, stellt die Lehre von den konstituierenden Merkmalen dar.

R. v. Hippel, der die Unterscheidung des Reichsgerichts in außerstrafrechtlichen und strafrechtlichen Irrtum mißbilligte, forderte zwar auch wie v. Liszt volle Kenntnis vieler Rechtsbegriffe der Tatbestände. Wenn der Gesetzgeber einen Rechtsbegriff verwende, „weil sein Inhalt jedem Laien so absolut verständlich und geläufig sei, wie irgendeine Tatsache"[2]), so fordere er damit dessen Kenntnis zum Vorsatz. Hierher rechnete er die Merkmale „fremde Sache", „Ehe", „strafbare Handlung".

„Der Gesetzgeber kann aber — und so wird es meist liegen — Rechtsbegriffe auch deshalb verwerten, weil er (vielleicht sehr mit Unrecht) annimmt, daß dieser Begriff in einer für den Richter und das Publikum verständlichen Weise eine Reihe von tatsächlichen, möglicherweise aber auch rechtlichen Momenten zusammenfaßt, deren Verwirklichung unter Strafe gestellt werden soll. Dann ist für den Vorsatz die Vorstellung dieser den Begriff konstituierenden Merkmale, nicht diejenige des Rechtsbegriffs selbst wesentlich, da dieser hier nur den Charakter eines zusammenfassenden Schlagwortes hat."[3]) Als Beispiele führt er die Merkmale „Urkunde" und „Unzucht" an, ohne den Inhalt der Vorstellung von diesen konstituierenden Merkmalen genauer zu erläutern.

---

[1]) S. 40.
[2]) VD AT III/562; vgl. LZ 1918/Sp. 1038f.; Lb. 1932/S. 138.
[3]) VD AT III/562, Hervorhebungen von v. Hippel.

Lobe[1]) nahm diese Lehre von den „Komplexbegriffen" auf. Nach ihm sind grundsätzlich nur „Tatsachen der äußeren Erscheinungswelt, die mit den Sinnen wahrgenommen werden", als Tatumstände anzusehen. Nur ausnahmsweise „können auch rechtliche Beziehungen und Zustände des Täters oder des angegriffenen Rechtsgutes" als Tatumstände eingeführt werden, die dann auch vom Vorsatz voll umfaßt sein müssen. Dadurch unterscheiden sie sich von den häufigeren rechtlichen Komplexbegriffen, die das Gesetz nur deshalb im Tatbestand aufführt, „um dadurch auf kurze und verständliche Weise eine Reihe von tatsächlichen Merkmalen und Zuständen zusammenzufassen und lediglich diese den Rechtsbegriff konstituierenden Tatsachen als Bestandteile des Tatbestands einzuführen". Damit kehrt nach Lobe das Gesetz zu seinem Grundsatz zurück, nur „Tatsachen" zu beschreiben und zum Vorsatz nur „Tatsachenkenntnis" zu verlangen.

Als Beispiele für diese Komplexbegriffe nennt Lobe die Merkmale „Urkunde", „Pflegevater", „Beamter", ohne im einzelnen anzugeben, welche „Tatsachen" konstitutiv sein sollen.

Wenn er aber als konstituierende Tatsache des Begriffs „Glücksspiel" die „Auffassung der Gesellschaft" hierüber ansieht, so zeigt sich, daß er den naturalistischen Tatsachen- und Vorsatzbegriff längst hinter sich gelassen hat.

Auch Frank[2]) geht davon aus, daß als „Tatumstände in gewissem Umfange auch Rechte, Rechtsverhältnisse und sonstige rechtliche Beziehungen anzusehen sind", und stellt zur Festlegung des Umfangs des diesbezüglichen Vorsatzes den Grundsatz auf: „Zum Vorsatz gehört das Bewußtsein, daß sich die Handlung gegen dasjenige Interesse (Rechtsgut) oder diejenige spezielle Pflicht richtet, durch deren Verletzung oder Gefährdung objektiv der äußere Tatbestand erfüllt wird"; demgemäß fordert er das volle Bewußtsein davon, daß fremdes Eigentum, eine Ehe oder die Beamtenpflicht verletzt wird. Insoweit hat also „auch der Subsumtionsirrtum entschuldigende Kraft, so daß der Vorsatz ausgeschlossen sein kann trotz Kenntnis der den Begriff konstituierenden Merkmale". Nicht vorsätzlich i. S. des § 172 StGB handele also, wer zwar wisse, daß er standesamtlich getraut ist, aber glaube, erst die kirchliche Trauung schaffe eine „Ehe".

Dagegen reiche die Kenntnis der konstituierenden Merkmale eines vom Gesetz gebrauchten Rechtsbegriffes überall dort aus, wo „der Grundsatz (s. o.) nicht anwendbar" sei.

Merkel[3]) erklärt im Gegensatz zu den oben genannten Autoren auch die „Fremdheit" für einen Komplexbegriff und läßt es genügen, daß der

---

[1]) zuletzt LK, 5. Aufl. (1933), 7) a) und b) zu § 59.
[2]) 18. Aufl., II zu § 59.
[3]) Z. 43/346; vgl. auch JW 25/897.

Täter „die Merkmale, aus denen sich solche Tatumstände wie die Fremdheit zusammensetzen“, erkannt hat. Danach würde es also genügen, wenn A, der dem B eine früher ihm — A — gehörige Sache wegnimmt, zwar weiß, daß jener sie 30 Jahre lang gutgläubig im Eigenbesitz hatte, ohne aber hieraus den Schluß auf eine gesteigerte Beziehung des B zu der Sache gezogen zu haben.

Neuestens hat v. Weber[1]) die Lehre von den Komplexbegriffen im Zusammenhang der Diskussion um das Merkmal der „Zuständigkeit“ in den §§ 153ff. StGB, das er für ein Tatbestandsmerkmal hält[2]), wieder aufgenommen.

Von den gemeinhin so genannten normativen Tatbestandsmerkmalen grenzt er sie folgendermaßen ab[3]): „Die ... normativen Tatbestandsmerkmale unterscheiden sich von deskriptiven dadurch, daß ihre begriffliche Bestimmung eine Bewertung voraussetzt: nur bestimmt bewertete Sachverhalte unterfallen dem Begriff. Der Komplexbegriff gleicht dem normativen Tatbestandsmerkmal darin, daß er im Ergebnis einen bewerteten Sachverhalt zum Inhalt hat. Aber er unterscheidet sich von ihm dadurch, daß er aus bestimmten Sachverhalten zusammengesetzt ist und sein Vorliegen im Einzelfall sich aus der Feststellung dieser Sachverhalte und nicht durch eine Bewertung ergibt.“

Unter den für die Zuständigkeit konstitutiven Sachverhalten versteht er die „Eigenschaft (einer Behörde) als Gericht, Finanzamt usw., die sie nach gesetzlicher Bestimmung zur zuständigen macht“[4]), unter den für das Merkmal „unter Verletzung fremden Jagdrechts“ i. S. des § 292 StGB konstitutiven Sachverhalten die Eigenschaften des betreffenden Tieres als Dachs, Fuchs, Reh usw., kurz als eines Tieres, „das nach dem Gesetz dem Jagdrecht unterliegt“[5]).

Für den Vorsatz genügt es nach v. Weber stets, die „den Komplexbegriff zusammensetzenden Sachverhalte“ zu erkennen, also den Charakter der Behörde als Gericht, Finanzamt usf., die Eigenschaft des erlegten Tieres als Dachs, Fuchs usf., also statt des „Wissens um die Bewertung“ genügt „das Wissen um die bewerteten Tatsachen“[6]). Umgekehrt beseitigt die irrige Nichtunterstellung des richtig erkannten Sachverhalts unter einen Komplexbegriff nicht den Vorsatz.“[7])

Andererseits ist nach v. Weber diese „Sachverhaltserkenntnis“ aber auch stets zum Vorsatz erforderlich, so daß die irrige Subsumtion unter den Komplexbegriff ohne die Annahme solcher Tatsachen, die, wenn sie vorlägen, dem Komplexbegriff unterfallen würden, keinen Ver-

---

[1]) Goltd. A. 1953/161 ff.

[2]) Über diese umstrittene Auffassung vgl. unten S. 64f. und S. 66 ff.

[3]) a. a. O., S. 162f.

[4]) S. 163.

[5]) S. 165.

[6]) S. 163.

[7]) S. 164.

such begründen kann. Hält z. B. der Täter die Staatsanwaltschaft für eine zur Eidesabnahme zuständige Stelle, so ist er nicht wegen versuchten Meineides zu bestrafen, wenn er vor einem Staatsanwalt einen falschen Eid ableistet und dabei weiß, daß es sich um einen Staatsanwalt handelt. Anders dagegen, wenn er den Staatsanwalt für einen Richter hält, denn dann hat er Tatsachen angenommen, die den Komplexbegriff begründen[1]).

v. Weber muß also denjenigen Täter freisprechen, der, ohne sich über den Charakter der Behörde irgendwelche Vorstellungen zu machen, ohne sie also als Gericht, Staatsanwaltschaft usw. zu qualifizieren, vor ihr schwört und dabei annimmt, sie werde den Eid schon abnehmen dürfen (Parallelbeurteilung für „zuständig"). Das Ergebnis ist für manche Fälle recht befremdlich: denn eher noch wird ein ungebildeter Laie, der in einem Ermittlungsverfahren als vorgeführter Zeuge des öfteren abwechselnd von einem Kriminalbeamten, einem Staatsanwalt und einem Untersuchungsrichter vernommen wird, den Vernehmenden für „zuständig" zur Eidesabnahme halten, als daß er seine Eigenschaft als Kriminalbeamter, Staatsanwalt oder Richter erkennt. Wer hätte nicht schon erlebt, wie der einfache Mann in der Hauptverhandlung den Einzelrichter als Staatsanwalt anspricht![2])

v. Webers Konstruktion, der Täter müsse bei objektiv gegebener Unzuständigkeit der Behörde, um wegen versuchten Meineides bestraft werden zu können, sich Tatsachen vorgestellt haben, die die Zuständigkeit begründen, entsprang ursprünglich dem kriminalpolitischen Anliegen, die Vielzahl der Versuchsbestrafungen wegen Abgabe falscher Versicherungen an Eides Statt vor unzuständigen Behörden in der irrigen Annahme ihrer Zuständigkeit einzuschränken[3]). Nach der Aufhebung des § 153 Abs. 2 und des § 156 Abs. 2 StGB durch das 3. StRÄG (1953) kann es sich nur noch um die Einschränkung der Versuchsbestrafung wegen Ableistung eines falschen Eides vor einer objektiv unzuständigen, subjektiv für zuständig gehaltenen Behörde handeln (§ 154 StGB)[4]). Das kriminalpolitische Anliegen einer solchen Einschränkung der Strafbarkeit wird durch v. Webers Konstruktion in der Tat verwirklicht, weil sie für die Versuchsbestrafung eine genauere Vorstellung verlangt als die allgemeine Vorstellung, die Behörde werde schon befugt zur Eidesabnahme sein. Es kann aber nur verwirklicht werden um den Preis des Freispruchs in Fällen wie dem obigen, in denen der Täter nur an die „Zuständigkeit" denkt, nicht aber an die sie begründenden Tatsachen.

v. Webers Standpunkt deckt sich mit der Ansicht des BGH in dem Urteil BGHSt 1/13 ff. (16), was die Frage des Vorstellungsinhalts beim

---

1) S. 164, 166.

2) vgl. hierzu unten S. 108 ff. u. 112 ff.

3) vgl. MDR 1950/119.

4) vgl. hierzu noch unten S. 169 ff.

— wegen Unzuständigkeit der Behörde — untauglichen Versuch der Abgabe einer falschen Versicherung an Eides Statt angeht. Der BGH erklärt die Feststellung der Strafkammer, der Angeklagte habe eine — objektiv unzuständige — Eisenbahndirektion zur Entgegennahme von eidesstattlichen Versicherungen „für befugt gehalten", für unzureichend, um eine Bestrafung wegen versuchter Abgabe einer solchen Versicherung zu tragen[1]. „Zuständig ... könnte die BGE nach der Vorstellung des Angeklagten nur gewesen sein, wenn er Tatsachen angenommen hätte, die den ... Inhalt des Begriffes der zuständigen Behörde ausmachen."

Im Gegensatz hierzu fordert die von v. Weber (a. a. O.) bekämpfte Entscheidung BGHSt 3/248ff. (255) für den Vorsatz bezüglich der Zuständigkeit in § 154 StGB statt der „Tatsachenkenntnis" „die dem Gesetz entsprechende Wertung", also, im Sinne der Lehre von der Parallelbeurteilung im Täterbewußtsein[2], die Vorstellung, daß die Behörde zur Eidesabnahme befugt sei. „Fehlt sie (sc. die „Wertung" als „zuständig"), so kann der Täter nach § 59 nicht wegen vorsätzlicher Tat bestraft werden; ist sie umgekehrt gegeben, ohne daß jedoch das Gesetz den Sachverhalt ebenso wertet, so steht einer Bestrafung wegen Versuchs nichts entgegen ...", also auch dann nicht, wenn dem Täter nur der Komplexbegriff als solcher (in laienmäßiger Klarheit), nicht auch die ihn begründenden Tatsachen vorschwebten. Zur Begründung weist der BGH darauf hin, daß Vorsatz i. S. des § 242 StGB zweifellos vorliege, „wenn der Täter zwar weiß, daß die Sache einem andern gehört, aber keine Vorstellung von den Tatsachen hat, aus denen das rechtlich folgt".

Kreutzer[3] unterteilt die „normativen Begriffe" in gewöhnliche, „auch dem Nichtjuristen geläufige", die „mittels anderer ... Begriffe nicht positiv umschrieben und ersetzt" werden können (z. B. „Ehe", „fremd"), und „mehrschichtige", dem Nichtjuristen nicht geläufige Begriffe, die wohl durch andere Momente umschrieben werden können, ja, „der Entfaltung durch allgemein geläufige Begriffe bedürfen" („Urkunde", „Beamter")[4].

Bei der ersten Gruppe ist „Subsumtion nach Laienart" notwendig, bei der zweiten genügt Kenntnis der „konstituierenden und täterverständlich auszufüllenden Momente".

Der wesentliche Fortschritt dieser Lehren besteht darin, daß sie nicht die Kenntnis des naturalistischen Faktums genügen lassen, sondern unter den konstitutiven Merkmalen schon — höhere oder niedere — Begriffe von Tatsächlichem verstehen. So schreibt v. Weber[5]: „... selbstverständlich (können) diese Merkmale nicht nur natürliche,

[1] Die Entscheidung liegt vor der Aufhebung des § 156 II.
[2] vgl. unten S. 24 ff.
[3] NJW 55/1307 ff.
[4] a. a. O., S. 1308.
[5] a. a. O., S. 162.

sondern auch sinnhafte soziale Tatsachen sein". Diese Merkmale zu erkennen heißt also weit mehr als sinnlich Wahrnehmbares auffassen, heißt zumindest den Anfang machen zum Verstehen der Bedeutung des eigentlichen, ganzen Tatbestandsmerkmals.

Jedoch bleibt angesichts der „zum eigentlichen Tatbestandsmerkmal erhobenen Rechtsbegriffe"[1]) v. Hippels, Lobes und Franks das schon gegen v. Liszt erhobene Bedenken bestehen, daß nach dieser Auffassung nur Juristen Verbrechen begehen könnten. Dieses Bedenken besteht allerdings nicht gegenüber v. Weber und Kreutzer, da beide für die normativen Begriffe, die nicht Komplexbegriffe sind, „Parallelwertung in der Laiensphäre" oder „Subsumtion nach Laienart" genügen lassen.

Ein gewichtiger Einwand gegen alle Anhänger der Lehre von den Komplexbegriffen ist aber der, daß keiner der Abgrenzungsvorschläge, die zur Unterscheidung dieser Begriffe von den ein höheres Maß an Bedeutungskenntnis erfordernden Begriffen gemacht worden sind, zu überzeugen vermag[2]):

v. Hippel[3]) sagt nur, daß „sorgfältige Analyse" des Einzeltatbestandes ergeben müsse, ob ein „eigentlicher Rechtsbegriff" oder ein Komplexbegriff vorliege: „Es kommt darauf an, zu welchem sachlichen Zweck der Rechtsbegriff verwertet ist, ob bloß zur Abkürzung oder weil von seiner Erkenntnis die Strafwürdigkeit des Täters abhängen soll"[4]).

v. Hippels Versuch, nach dieser Formel festzustellen, wann Bedeutungskenntnis erforderlich ist, leidet an einem Zirkelschluß, denn ob von der Erkenntnis eines Rechtsbegriffs die Strafwürdigkeit abhängen soll, will er ja gerade erst prüfen. Banal läßt sich die Abgrenzung v. Hippels so formulieren: „Volle Bedeutungskenntnis ist zum Vorsatz erforderlich, wenn volle Bedeutungskenntnis zur Strafwürdigkeit des Täters erforderlich erscheint." Es fehlt die Antwort auf die Frage, warum volle Bedeutungskenntnis unter Umständen „zur Strafwürdigkeit erforderlich" sein kann[5]).

Es liegt auf der Hand, daß hiermit ein sachliches Kriterium nicht gegeben ist. Da es an einem Hinweis fehlt, wann volle Bedeutungskenntnis erforderlich sei, ist also die Abgrenzung, und damit die Ent-

---

[1]) Ebermayer, LZ 18/Sp. 801 ff.

[2]) Gegen die praktische Brauchbarkeit der Unterscheidung schon Ebermayer a. a. O. Auch v. Weber (a. a. O., S. 162) gibt zu, daß es noch „nicht gelungen (sei), Kriterien aufzustellen, an denen man Komplexbegriffe erkennen kann".

[3]) VD AT III/562 und ibd., Fußnote 1.

[4]) LZ 1918/Sp. 1039; vgl. Lb. (1932), S. 138.

[5]) Die Antwort kann z. B. darin gefunden werden, daß zuweilen der Rechtsbegriff nicht der Beschreibung des Unrechtsgehalts dient, sondern nur der Festlegung der Grenzen der Strafbarkeit, wie es etwa bei dem Merkmal „nach Begehung eines Verbrechens oder Vergehens" in § 257 StGB der Fall ist. Vgl. dazu unten S. 120 ff.

scheidung über die Strafwürdigkeit, allein in die Hand des Richters gelegt, und dieser ist nur auf eine rechtspolitische Wertungsentscheidung angewiesen.

Frank macht nicht einmal den Versuch zu erklären, wann denn der „Grundsatz" des Erfordernisses der Rechtsgut- oder -pflichterkenntnis und damit der Grundsatz des Erfordernisses der vollen Subsumtion nicht anwendbar sei. Auch bei Lobe vermißt man jeden Versuch der Aufstellung eines Kriteriums, an dem man den Komplexbegriff erkennen kann.

v. Webers Abgrenzungsvorschlag erweckt in dreifacher Hinsicht Bedenken:

Zunächst ist nicht einzusehen, wieso ein Begriff (der Komplexbegriff) aus Sachverhalten „zusammengesetzt" sein soll. Ein Begriff wird konstituiert durch das Begreifen von Sachverhalten, nicht durch die Sachverhalte selbst. Man kann wohl sagen, daß ein höherer, abstrakterer Begriff durch niedere zusammengesetzt wird. Aber das gilt für jeden Begriff, nicht nur für den sogenannten Komplexbegriff.

Sodann bleibt die Frage unbeantwortet, warum aus der v. Weber aufgezeigten Natur des Komplexbegriffes folgt, daß „sein (des Komplexbegriffes) Vorliegen im Einzelfall sich aus der Feststellung dieser Sachverhalte und nicht durch eine Bewertung ergibt". Dieses thema probandum ist in Wahrheit schon in die Definition des Komplexbegriffes aufgenommen.

Endlich besteht zwischen der Aussage, daß das Vorliegen des Komplexbegriffes sich aus den Sachverhalten ergebe, und derjenigen, daß der Komplexbegriff „einen bewerteten Sachverhalt zum Inhalt" habe, m. E. ein unaufgelöster Widerspruch: denn wenn „Inhalt des Begriffs" sowohl bei den normativen Begriffen wie bei den Komplexbegriffen „ein bewerteter Sachverhalt" ist, dann kann ich diesen Inhalt auch in beiden Fällen nur durch Bewertung dieses Sachverhalts erfassen und nicht durch das Erfassen des Sachverhalts allein.

Kreutzers Abgrenzungsversuch muß als durchaus mißlungen bezeichnet werden. Denn es ist doch offenbar reine Willkür, zu behaupten, der Begriff des Beamten sei weniger „geläufig" als der der Fremdheit oder der Ehe. Und daß der Begriff der Ehe im Gegensatz zu dem des Beamten „mittels anderer . . . Begriffe nicht positiv umschrieben und ersetzt werden" könne, kann nur behaupten, wer sich die Frage: „Quomodo fit definitio?" noch nie vorgelegt hat.

Endlich muß an die Lehre von den konstituierenden Merkmalen die Frage gerichtet werden: Welche Unterbegriffe sollen die für einen höheren Begriff konstituierenden sein? Wenn das Glücksspiel ein „Spiel" ist, „dessen Ausfall . . . wesentlich vom Zufall abhängt", „Spiel" aber „eine von den Parteien entfaltete an sich wirtschaftlich bedeutungslose Tätigkeit, von deren Ausgang aber verabredungsgemäß Gewinn und

Verlust abhängt"[1]) — stellt dann nur der Begriff des Spiels oder stellen auch dessen Unterbegriffe konstituierende Begriffe des Begriffs „Glücksspiel" dar? Wo soll die Grenze liegen?

Das Unbefriedigende der Lehre hat seinen Grund darin, daß die Begriffe rein nominalistisch als bloße Namen angesehen werden, die Akte des Begreifens als bloßes Einordnen in (niedere oder höhere) Nomenklaturen statt als „Erfassen" des Begriffenen „in seinem Wesen, seinem Zusammenhang mit anderem, seinen Ursachen und seinem Zweck"[2]).

2. Die Theorie der Rechtsguterkenntnis.

An Franks Grundsatz von der Erkenntnis der Verletzung des jeweils im einzelnen Tatbestand geschützten Rechtsguts[3]) knüpfen Eberhard Schmidt, Bohlmann und Eichmann an, ohne jedoch wie Frank eine exakte Subsumtion zu fordern. Schmidt hält zum Vorsatz bezüglich eines normativen Merkmals für ausreichend und erforderlich die „Kenntnis derjenigen Tatsachen und rechtlichen Beziehungen, welche das Interesse-Verletzende oder -Gefährdende der Handlung begründen". Zum Vorsatz der Fremdheit genügt die Vorstellung des Täters, „daß er mit seiner Tat in eine rechtliche Beziehung eingreift, die dem Betroffenen die ausschließliche Beherrschungsbefugnis hinsichtlich der Sache gewährt"[4]). Und Eichmanns Untersuchungen gipfeln in dem Bekenntnis zu der „mit dem Rechtsgutbegriff arbeitenden Formulierung" Schmidts und den Sätzen: „Der Sinn des Vorsatzerfordernisses kann ... nur darin liegen, daß der Täter das von ihm verursachte Geschehen insoweit beurteilt und bewertet hat, daß er diejenigen Eigenschaften desselben erkannt hat, um derentwillen gerade die sie zum Ausdruck bringenden Begriffe in den strafrechtlichen Tatbestand aufgenommen sind. Welche Eigenschaften das im einzelnen sind, ist nur durch eine Untersuchung jedes dieser normativen Tatbestandselemente festzustellen. Führend dabei muß der Grundsatz sein: Der Täter muß in Ansehung der normativen Tatbestandselemente das von ihm verursachte tatbestandsmäßige Geschehen bis zu einem solchen Grade beurteilt und bewertet haben, daß auf den vom Täter vorgestellten Tatbestand bereits die Gründe zutreffen, um derentwillen die normativen Tatbestandsmerkmale sinngemäß in den Tatbestand aufgenommen sind, die also für den Gesetzgeber bestimmend oder mitbestimmend waren für Art und Höhe der Strafe"[5]). Zum Vorsatz der Vornahme einer „unzüchtigen Handlung" i. S. der §§ 174, 176 StGB genügt es nach Eich-

[1]) Frank, 18. Aufl., II zu § 284.
[2]) Hoffmeister, Wörterbuch der philosophischen Begriffe, S. 106 („begreifen").
[3]) vgl. oben S. 16.
[4]) v. Liszt-Schmidt, 26. Aufl., S. 256; ähnlich Bohlmann, S. 22—24.
[5]) Der Vorsatz bei normativen Tatbestandsmerkmalen, S. 58.

mann[1]) nicht, daß der Täter die tatsächlichen Merkmale seiner Handlung gekannt hat; „vielmehr muß er sie insoweit zusammengefaßt haben, daß er die ‚sexuelle' Natur der Handlung bis zu dem Grade erkannt hat, daß er bei objektiver Beurteilung auf ihren ‚die geschlechtliche Ehre verletzenden' Charakter hätte schließen müssen ..." Kurz gesagt, seine Vorstellung muß wenigstens in der Richtung der Erkenntnis der Rechtsgutverletzung verlaufen sein.

Hüten wir uns zunächst vor einem vielleicht naheliegenden Mißverständnis, demjenigen nämlich, daß hier das Bewußtsein der Rechtswidrigkeit oder der Sozialschädlichkeit zum Vorsatz gefordert werde. Frank[2]) und Eberhard Schmidt[3]) wehren sich gegen eine solche Deutung ihrer Lehren durchaus zu Recht mit dem Hinweis, daß man sich sehr wohl bewußt sein könne, ein Rechtsgut eines anderen zu verletzen, aber glauben könne, man habe ein Recht dazu. Und in der Tat läßt sich wohl nicht leugnen, daß der Soldat, der im Gefecht auf einen feindlichen Soldaten schießt, das Bewußtsein hat, ein fremdes Rechtsgut zu verletzen, ohne doch deshalb das Bewußtsein zu haben, Unrecht zu tun.

Aber durch diese Klarstellung werden die Unzulänglichkeiten der Theorie nicht beseitigt:

Zunächst muß sie überall dort versagen, wo die Verletzung eines konkreten Rechtsgutes gar nicht zum Tatbestand gehört, also bei allen Tatbeständen reiner Ungehorsams- oder Polizeidelikte, bei denen sich das Unrecht in der schlichten Unbotmäßigkeit erschöpft. Als Rechtsgut könnte man hier höchstens ganz verschwommen den Bestand und das Funktionieren der Rechtsordnung als solcher ansprechen[4]) — das Bewußtsein der Verletzung dieses „Rechtsgutes" wäre aber gleichbedeutend mit dem Bewußtsein der Rechtswidrigkeit.

Hinzu kommt, daß man angesichts der durchaus nicht immer bestehenden Klarheit darüber, welches Rechtsgut durch eine bestimmte Strafbestimmung geschützt werden soll[5]), bei divergierenden Auffassungen von Täter und Gericht hierüber zu unberechtigten Freisprüchen gelangen müßte.

Endlich muß die Voraussetzung dieser Lehre zurückgewiesen werden, daß der rechtsgutverletzende Charakter eines Verhaltens nur in den normativen Merkmalen, oder überhaupt in einzelnen Merkmalen des Tatbestandes, zum Ausdruck komme. Als ob die Rechtsgutverletzung in den Merkmalen des „Wegnehmens" oder „Zerstörens" nicht genau so gut zum Ausdruck käme wie im Merkmal der „Fremdheit" der weggenommenen oder zerstörten Sache! In Wahrheit be-

---

[1]) S. 60f.
[2]) 18. Aufl., II zu § 59.
[3]) a. a. O., S. 255, Anm. 6.
[4]) vgl. Maurach, AT, S. 15.
[5]) Man denke z. B. an die Kontroverse über das geschützte Rechtsgut bei der sachlichen Begünstigung!

schreibt eben der ganze objektive Tatbestand die Rechtsgutverletzung, und nur das (mehr oder minder scharfe) Verstehen der Gesamtheit seiner Merkmale kann ein entsprechendes Verstehen der Rechtsgutverletzung bedeuten.

Diese Lehren können also über das Spezifische des Vorsatzinhaltes bezüglich der normativen Merkmale, auch solcher Tatbestände, die wirklich ein konkretes Rechtsgut schützen, nichts Entscheidendes aussagen, da zur Erkenntnis des rechtsgutverletzenden Charakters einer Handlung gleichermaßen die Kenntnis aller Tatbestandsmerkmale erforderlich ist.

3. Die Lehren von der Parallelwertung oder Parallelbeurteilung im Täterbewußtsein.

Im Vordergrund steht heute die Lehre von der „Parallelwertung in der Laiensphäre“[1]) oder der „Parallelbeurteilung im Täterbewußtsein“[2]), die auf Bindings Formulierung von der „Subsumtion nach Laienart“[3]) zurückgeht. Sie wird nicht nur im Schrifttum[4]), sondern seit den Entscheidungen BGH 3/248ff. und 4/347 ff. auch von unserem höchsten Gerichtshof in Strafsachen vertreten[5]).

Nach ihr genügt weder bloße „Tatsachenkenntnis“, noch ist exakte Subsumtion erforderlich. Der Täter muß vielmehr die „Bedeutung“ des Merkmals, seinen „sachlichen Gehalt“[6]) erfaßt haben, ohne daß er ihm einen bestimmten Namen gegeben haben müßte (darauf läuft ja letzten Endes die genaue Subsumtion hinaus). Mezger, dessen Formulierung die meisten folgen, umschreibt diese „Parallelwertung“ als „eine der gesetzlich-richterlichen Bewertung gleichgerichtete Einschätzung des Tatbestandsmerkmals im Gedankenkreis der individuellen Person und Umgebung des Täters“[7]). Welzel lehnt aus Anlaß einer kritischen Auseinandersetzung mit der Rechtsprechung des BGH zu dem Merkmal „dieselbe Rechtssache“ in § 356 StGB[8]) den Ausdruck „Wertung“ ab, da es sich hier nicht um eine Wertung, sondern um ein geistiges Verstehen handele, und schlägt statt dessen für den Vorsatzinhalt bei den normativen Merkmalen allgemein den Ausdruck „Parallelbeurteilung“ vor, und zwar „im Täterbewußtsein“, da es sich nicht immer, z. B. nicht beim Parteiverrat des Rechtsanwalts, um einen Laien als Täter zu handeln brauche.

Wie Mezger in dem Erfordernis einer „Bewertung“ von Sachverhalten[9]), so sieht Welzel das Spezifische der normativen Tatbestands-

---

[1]) Mezger, JW 27/2006 ff. (zu Nr. 19) und Lb., 3. Aufl., S. 328.
[2]) Welzel, JZ 54/279 und Lb., 6. Aufl., S. 66.
[3]) Normen III, S. 148.
[4]) zuletzt Maurach, AT, S. 230.
[5]) vgl. hierzu Busch, Mezger-Festschr., S. 167 ff.
[6]) Welzel, JZ 54/279.
[7]) Lb., 3. Aufl., S. 328.
[8]) Welzel, JZ 54/276 ff. (279); BGH 4/80; 3/400; JZ 54/295.
[9]) Lb., 3. Aufl., S. 191.

merkmale darin, daß ihr Bedeutungsgehalt „nur geistig verstanden werden kann“[1]). Beide wollen mit diesen Umschreibungen eine Abgrenzung zu den sogenannten „deskriptiven“ Merkmalen treffen, deren besondere Eigenart nach Welzel[2]) darin besteht, daß ihre Bedeutungsgehalte nur „sinnlich wahrgenommen werden“ können, nach Mezger[3]) darin, daß das Vorliegen der ihnen entsprechenden Sachverhalte nur „kognitiv“, ohne „Bewertung“, nur „erkenntnismäßig“ festgestellt werden kann.

Wenn beide mit der Parallelwertung und der Parallelbeurteilung auch im wesentlichen das gleiche meinen[4]), so decken sich die Bereiche der normativen und der deskriptiven Tatbestandsmerkmale bei ihnen doch nicht ganz. Ursprünglich hatte Mezger ganze Gruppen von Merkmalen, deren Vorliegen erkenntnismäßig-kognitiv festgestellt wird, zu den „deskriptiven“ gerechnet[5]), die Welzel als „nur geistig verstehbar“ zu den normativen zählen müßte. Hierher gehörten die Gruppen der von Mezger so genannten „Wahrheitsdelikte“ und „Erwartungsdelikte“ mit ihren „Elementen kognitiver Beurteilung“. Bei dem Tatbestandsmerkmal der „Unwahrheit einer Tatsache“ in den Tatbeständen der ersten Gruppe handele es sich „nicht um eine normative . . . Bewertung, sondern um die kognitive Gegenüberstellung und Vergleichung des gedanklichen Inhalts eines äußeren Vorgangs und seines materiellen Produktes (des gesprochenen Wortes usf.) mit dem Inhalt einer gegebenen körperlichen oder geistigen Wirklichkeit“ und darum also um ein deskriptives Merkmal. Als Beispiele nannte Mezger die Tatbestände der §§ 131, 153, 164, 186, 187, 263, 278 StGB. — Wo die Gefährlichkeit einer Handlung Tatbestandsmerkmal ist („Erwartungsdelikte“), bestehe die Besonderheit darin, „daß das Tatbestandsmerkmal nicht in eindeutig festbestimmten äußeren oder inneren Vorgängen seine Erfüllung findet, sondern daß die in Rede stehenden Geschehnisse erst an Hand generellen Erfahrungswissens ihre abschließende (kognitive) Beurteilung finden müssen“[6]). Es liegt auf der Hand, daß die „erdichteten oder entstellten Tatsachen“ des § 131 StGB, die „Falschheit“ der Aussage in § 153 StGB, die „Unrichtigkeit“ des Gesundheitszeugnisses in § 278 StGB, die „Gemeingefahr“ der §§ 315 ff. StGB nach Welzels Definition nur als „geistig verstehbare“ Tatbestandsmerkmale angesehen werden können, so daß es sich nach ihm hier also nur um normative Merkmale handeln kann.

Nachdem Mezger schon in der 2. Auflage seines Lehrbuchs[7]) den „Elementen kognitiver Beurteilung“ („Wahrheit“, „Gefahr“) eine Mit-

---

1) Welzel, JZ 53/120.
2) a. a. O.
3) Traeger-Festschrift, S. 216 ff.
4) so ausdrücklich Welzel, JZ 54/279.
5) Traeger-Festschrift, S. 219.
6) a. a. O., S. 220.
7) S. 191 f.

telstellung zwischen deskriptiven und normativen Tatbestandsmerkmalen eingeräumt hatte, schlug er sie in seinem Studienbuch[1]) ganz zu den normativen Merkmalen. Daher besteht ein Unterschied zwischen seiner und Welzels Einteilung jetzt nur noch insoweit, als Mezger auch die Beschreibungen geistiger und seelischer (also nicht sinnlich wahrnehmbarer) Geschehnisse und Zustände zu den deskriptiven Merkmalen zählt.

Wann ist nun die Parallelbeurteilung im Täterbewußtsein gegeben? „Für den Täter und seinen Vorsatz der Anfertigung falscher Urkunden genügt vollständig die Vorstellung, daß er sich . . . ein Papier schaffen will, um damit rechtlich Bedeutsames zu beweisen“[2]). — „Um zu wissen, daß Wild durch Umzäunung des Waldes von einer herrenlosen (§ 292 StGB) zu einer fremden Sache (§ 242) geworden ist, muß dem Täter zum Bewußtsein gekommen sein, daß durch die Einhegung ein Zustand gesteigerter Sachherrschaft begründet wurde“[3]). — Wer, ohne zu wissen, wie das Gesetz den Begriff der „Ausspielung“ versteht, sich nur des aleatorischen Charakters seines Geschäfts bewußt ist, hat den für § 285 StGB erforderlichen Vorsatz[4]). — Wenn ein Rechtsanwalt erkannt hat, daß die verschiedenen Klageansprüche zweier Klienten „in demselben materiellen Rechtsverhältnis wurzeln“ (wie bei der Vertretung des Vaters bei der Klage gegen den Sohn auf Ablösung des Altenteils und der Vertretung des Sohnes bei der Klage gegen den Vater auf Räumung zweier Zimmer, RG 62/155), spielt es für das Vorliegen des Vorsatzes keine Rolle, ob er diesen Sachverhalt als „dieselbe Rechtssache“ bezeichnet hat: — die Identität der „Rechtssachen“ hat er der Sache nach erkannt[5]). Daß er ein „Kreditinstitut“ i. S. des Gesetzes vom 25. 9. 1939 betreibt, weiß derjenige, der den wirtschaftlichen Charakter seines Geschäfts erkannt hat, d. h. wer weiß, „daß sein Unternehmen auf dem Vertrauen zahlreicher kleiner Geldgeber beruht, daß er mit diesen Geldern, wirtschaftlich gesehen, die Anschaffung von Motorrädern finanzierte und seinen Gewinn . . . aus der Annahme und der Anlage fremder Gelder zog“[6]).

4. Auf der Grundlage dieser Auffassung von der Kenntnis der Tatumstände stellt sich auch der vielberufene „Subsumtionsirrtum“ in einem neuen Lichte dar[7]).

Wir sahen oben, wie das völlige Absehen vom Erfordernis der Bedeutungserkenntnis das Reichsgericht dazu führte, jeden Irrtum über die

[1]) AT, 4. Aufl., S. 85; zuletzt 6. Aufl., S. 92.
[2]) Binding, Normen III/151, und im Anschluß daran z. B. Maurach, AT, S. 230.
[3]) Mezger, Lb., 3. Aufl., S. 328.
[4]) Welzel, JZ 54/279.
[5]) Welzel, a. a. O., S. 277 ff. (278).
[6]) BGH 4/352; vgl. BGH 3/255.
[7]) vgl. Welzel, a. a. O., u. Lb., 6. Aufl., S. 153f.

Bedeutung bei sogenannten „strafrechtlichen" Rechtsbegriffen, sofern nur die Tatsachen bekannt waren, als von vornherein unbeachtlichen „Irrtum über das Strafgesetz" anzusprechen. Wir sahen ferner, wie v. Liszt und die seiner Theorie teilweise folgenden Lehrer, die zum Vorsatz (sei es immer, sei es nur in Einzelfällen) volle Subsumtion forderten, bei konsequenter Durchführung dem Subsumtionsirrtum insoweit stets vorsatzausschließende Kraft beimessen mußten, so daß z. B. Frank[1]) ganz folgerichtig erklärte, der nur standesamtlich getrauten Ehebrecherin, die geglaubt habe, erst die kirchliche Einsegnung schaffe eine „Ehe", fehle der Vorsatz des Ehebruchs.

Es ist klar, daß nach der Lehre von der Parallelbeurteilung im Täterbewußtsein der Subsumtionsirrtum anders zu bestimmen ist. Wer auf Grund einer falschen Vorstellung über die Höhe der Einsätze und der Gewinne und Verluste den vermögensgefährdenden Charakter des in seinem Lokale betriebenen Spiels nicht erkannt hat[2]), der weiß nicht, daß er ein „Glücksspiel" veranstaltet. Er befindet sich im Irrtum über einen Tatumstand, weil er dessen sachlichen Gehalt, dasjenige, was das Gesetz mit dem Ausdruck „Glücksspiel" meint, nicht erkannt hat, nicht aber „ruhte sein Irrtum auf einer rechtsirrtümlichen Auslegung des Begriffs eines Glücksspiels", wie das Reichsgericht meinte; er war also kein bloßer Subsumtionsirrtum. Nicht zwischen der Kenntnis von „Tatsache" und „Rechtsbegriff" verläuft also nach der Lehre von der Parallelbeurteilung die Trennungslinie von Tatbestands- und Subsumtionsirrtum, sondern zwischen der Kenntnis von „Tatumstand" und „Rechtsbegriff"[3]).

Im Gegensatz zum Reichsgericht, das den Subsumtionsirrtum für schlechthin unbeachtlich erklärte, unternimmt es nun Welzel[4]) weiterhin, zwischen einem unbeachtlichen und einem beachtlichen Subsumtionsirrtum zu unterscheiden:

Betrifft der Subsumtionsirrtum lediglich die Strafbarkeit des Verhaltens bei Erkenntnis ihres (z. B. zivilrechtlichen) Verbotenseins, so ist er unbeachtlich: wer also z. B. ein Pferd „kitzlig" macht[5]) oder in ein Uhrwerk Klebstoff gießt[6]) und dabei meint, ein Pferd sei keine „Sache", oder eine „Sachbeschädigung" läge nur bei einer Substanzverletzung vor, dessen Irrtum betrifft nicht den sachlichen Gehalt des Tatbestandes der Sachbeschädigung, sondern nur die Strafbarkeit des Verhaltens, während er sich bewußt ist, etwas (zivilrechtlich) Verbotenes zu tun.

---

[1]) 18. Aufl., II zu § 59.
[2]) vgl. RG 19/253 und oben S. 14f.
[3]) Welzel, a. a. O., S. 279; vgl. JZ 53/266 ff.
[4]) Welzel, a. a. O., S. 279f.
[5]) RG 37/411.
[6]) RG 20/183f.

„Erstreckt sich der Irrtum dagegen nicht nur auf die Strafbarkeit sondern auch auf das Verbotensein der Handlung, so ist der Subsumtionsirrtum ein echter Verbotsirrtum . . ." Glaubt also der Rechtsanwalt, der die Identität des materiellen Rechtsverhältnisses erkannt hat, „daß der gesetzliche Begriff der Rechtssache nur den einzelnen Anspruch umfaßt, so befindet er sich im Subsumtionsirrtum. Dieser Irrtum ist nicht lediglich ein Irrtum über die Strafbarkeit seines Verhaltens . . ., sondern er verschleiert dem Täter gerade das Verbotensein seiner Tat". Gerade bei komplizierten normativen Tatbestandsmerkmalen hält Welzel solche beachtlichen Subsumtionsirrtümer für möglich.

B
Die theoretische, philosophisch orientierte Behandlung der normativen Tatbestandsmerkmale

Wir haben die Entwicklung der Lehre vom Vorsatzinhalt bei den normativen Tatbestandsmerkmalen von den frühesten Tagen der Geltung unseres StGB bis in die jüngste Zeit verfolgt und festgestellt, daß über alle Gegensätze hinweg über diesen Punkt in Lehre und Rechtsprechung im wesentlichen Einigkeit erzielt worden ist.

In der Verfolgung dieser praktisch-dogmatischen Frage sind wir der historischen Entwicklung der gesamten Lehre von den normativen Tatbestandsmerkmalen schon vorausgeeilt, denn inzwischen hatte sich die Theorie ihrer mit großer Ausführlichkeit angenommen. Den grundsätzlichen theoretischen Erörterungen wollen wir uns nunmehr zuwenden.

I. M. E. Mayer.

Den Ausdruck „normative Tatbestandsmerkmale" prägte M. E. Mayer im Allgemeinen Teil seines 1915 zuerst erschienenen Lehrbuches[1]). Was er darunter verstanden wissen wollte, wird nur klar, wenn man sich kurz seine Tatbestands- und Rechtswidrigkeitslehre vor Augen hält. Mayer[2]) geht zwar aus von dem Tatbestandsbegriff in Belings „Lehre vom Verbrechen" und rechnet wie Beling nur die „objektiven Merkmale" zum Tatbestand, d. h. die Merkmale, „deren Verwirklichung in der Außenwelt vor sich geht, also sinnlich wahrnehmbar ist"; der „getrennten Buchführung" Belings bei der Abgrenzung von Tatbestand und Rechtswidrigkeit schließt er sich an[3]). Er unterscheidet sich aber von Beling in der Auffassung über das Wesen der Rechtswidrigkeit und ihr Verhältnis zum Tatbestand. Hatte Beling[4]) gelehrt, die „Widrigkeit" sei „reine Negative" und rechtswidrig bedeute einfach: (formal) dem positiven Recht zuwider, und hatte er die sogenannte „materielle"

---

[1]) S. 182 ff. (183).
[2]) a. a. O., S. 3—10.
[3]) a. a. O., S. 7, 10.
[4]) L. v. V., S. 137.

Rechtswidrigkeit aus der Strafrechtsdogmatik verwiesen[1]), so verwirft M. E. Mayer diese Auffassung als formalistisch. Er bezeichnet die Definition Belings, rechtswidrig sei, was dem positiven Rechte zuwider sei, als pure „Tautologie“ und ersetzt sie durch eine „Realdefinition“[2]). Rechtswidrig heißt nach ihm: „kulturnormwidrig“. Die Rechtsnormen sind, so lehrt er, nichts als vom Recht anerkannte „Kulturnormen“; diese sind „Verbote und Gebote, durch die eine Gesellschaft das ihrem Interesse entsprechende Verhalten fordert. In einer Räuberbande ist das Gebot, jedes Beutestück zur Verteilung unter die Genossen abzuliefern, eine Kulturnorm“[3]). Die gesetzlichen Tatbestände sind nur der Ausdruck einer vollzogenen Anerkennung von Kulturnormen durch das Recht. Sie sind „Erkenntnisgrund“, „ratio cognoscendi“, dafür, welche Kulturnormen Anerkennung und wieweit sie Anerkennung gefunden haben. Die gesetzlichen Tatbestände zeigen also nur die rechtlich anerkannten Kulturnormwidrigkeiten an, nicht stempeln sie ein Verhalten zu einem typischerweise rechtswidrigen. Ein Verhalten ist demnach nicht rechtswidrig, weil es tatbestandsmäßig ist, sondern es ist tatbestandsmäßig, weil es rechtswidrig (= kulturnormwidrig) ist. Das Primäre ist also die Rechtswidrigkeit, zu ihr verhält sich der Tatbestand „wie Rauch zum Feuer“[4]).

Ist der Tatbestand also bloße „ratio cognoscendi“ der Rechtswidrigkeit, so „wäre zu erwarten, daß unter den Umständen, die zum gesetzlichen Tatbestand gehören, nur solche zu finden sind, die die Widerrechtlichkeit manifestieren, und keine, die sie konstituieren: ein wertfreier gesetzlicher Tatbestand“[5]). Die Rechtswidrigkeit manifestieren oder demonstrieren können nach seiner Auffassung aber nur „der sinnlichen Wahrnehmung zugängliche“ Merkmale. Und so wird jene Erwartung durch die Existenz eben der „normativen“ Merkmale „enttäuscht“; sie sind nicht, wie es „echte“ Tatbestandsmerkmale sein müssen, „der sinnlichen Wahrnehmung zugänglich“, „ihre Verwirklichung findet nicht in der Außenwelt, sondern ausschließlich in der Rechtswelt statt“[6]). Sie begründen also die Rechtswidrigkeit, zeigen sie nicht nur an, und sind deshalb echte Bestandteile derselben, dagegen „unechte“ Tatbestandselemente, „Fremdkörper“ im Tatbestand[7]). § 242 StGB müßte demnach richtiger lauten: „Wer eine bewegliche Sache rechtswidrig wegnimmt, um sie sich zuzueignen . . .“ In dem Merkmal der Fremdheit steckt also das ganze Rechtswidrigkeitsurteil: „Fällt die

---

[1]) a. a. O.: „Die sog. materielle RW . . . ist nicht RW, sondern sie bedeutet nur ein Programm für den Gesetzgeber, einen an ihn gerichteten Wunsch, daß er die . . . positivrechtlich formale RW gewissen Erwägungen anpassen möge“.

[2]) a. a. O., S. 179, 181.

[3]) a. a. O., S. 44, 45 ff.

[4]) a. a. O., S. 10.

[5]) a. a. O., S. 182.

[6]) a. a. O., S. 183, vgl. S. 7.

[7]) a. a. O., S. 184 f., 182.

Wegnahme fort, so ist der Tatbestand des Diebstahls, fällt die Fremdheit fort, so ist die Rechtswidrigkeit der Aneignung aufgehoben"[1]). § 242 StGB ist in seiner jetzigen Gestalt ein Produkt der „zufälligen" Gesetzesfassung.

In dieser Umformulierung des § 242 StGB wird ganz deutlich, was Mayer mit dem Begriff „normativ" (= wertend) eigentlich meint, d. h. es wird deutlich, nach welchem Maßstab die normativen Tatbestandsmerkmale werten — gibt es doch, wie Class[2]) richtig hervorhebt, „ebenso viele verschiedene wertbezogene Betrachtungsweisen, als es menschliche Werte überhaupt gibt", oder ebenso viele Wertungen wie Maßstäbe der Wertung. Ich kann einen Gegenstand (im weitesten Sinne) dahin einer Wertung unterziehen, ob er „gut" oder „schlecht", „schön" oder „häßlich", „sozialschädlich" oder „-nützlich" ist. Und eben diese letztere „Wertung" drücken nach M. E. Mayer die normativen Tatbestandsmerkmale aus: sie sind normativ im Hinblick auf die Sozialschädlichkeit oder -nützlichkeit.

Diesen Sinn von „normativ" gilt es im Auge zu behalten, wenn man die spätere totale Bedeutungsverschiebung des Wortes verstehen will.

Immerhin sind nach Mayer diese „echten Rechtswidrigkeitsmerkmale" auch gleichzeitig „unechte Tatbestandsmerkmale", auf die sich der Vorsatz erstrecken muß. Die „indizierende Funktion" der Tatbestände wird durch sie nicht in Frage gestellt: „Daß ein einzelnes herausgegriffenes Merkmal sie nicht hat, tut dem Grundsatz, daß die Tatbestände als Ganzes sie haben, keinen Abbruch"[3]). Dieser Grundsatz erschien ihm um so weniger gefährdet, als er das Vorliegen eines normativen Tatbestandsmerkmals für eine ausgesprochene Ausnahme hielt und als Beispiele nur eine sehr geringe Anzahl anführte: außer der „Fremdheit" nennt er nur noch die „Unwahrheit einer Tatsache" in den §§ 131, 153, 164, 187, 263 StGB und als „weniger wichtige": die „Unbescholtenheit" in § 182, die „Mißhandlung" in § 223, die „Gefährlichkeit" in §§ 315, 323, 330 StGB.

Die normativen Tatbestandsmerkmale sind also vermöge des naturalistisch beeinflußten Begriffs vom „objektiven Tatbestand" heimatlose Wesen, die mit einem Bein im Tatbestand, mit dem andern in der Rechtswidrigkeit stehen (Mayer verglich sie mit einer „mit der einen Spitze im gesetzlichen Tatbestand, mit der anderen in der Rechtswidrigkeit verankerten Klammer"[4]). Die Kluft zwischen der Eingruppierung der normativen Tatbestandsmerkmale als echter Rechtswidrigkeitsmomente einerseits und dem Vorsatzerfordernis andererseits bleibt unüberbrückt[5]). Darüber kann auch das vage Argument, daß „das Gesetz,

---

[1]) a. a. O., S. 185.
[2]) Grenzen des Tatbestandes, S. 169.
[3]) a. a. O., S. 185.
[4]) a. a. O., S. 182.
[5]) vgl. Class, a. a. O., S. 106f.

namentlich § 59", sie „zweifellos ... zu den Tatumständen" rechne[1]), nicht hinwegtäuschen. Das Bemühen Welzels und Armin Kaufmanns, eine Anzahl von Merkmalen als „Rechtspflichtmerkmale" aus dem Tatbestand auszugliedern und sie der Rechtswidrigkeit zuzuweisen[2]), das mit Mayers Theorie eine gewisse Ähnlichkeit aufweist[3]), ist gerade in diesem Punkte konsequent, da es ihnen eben um die Exemtion dieser Merkmale vom Vorsatzerfordernis geht.

II. Grünhut und Mezger.

Grünhut, der das Problem und den Begriff „normative Tatbestandsmerkmale" als nächster von M. E. Mayer aufgreift, betrachtet in seiner Schrift „Begriffsbildung und Rechtsanwendung im Strafrecht" (1926) diese Merkmale unter dem Gesichtspunkt ihrer Anwendung durch den Richter und der Anforderungen, die diese an die strafgesetzgeberische Begriffsbildung stellt.

Zeichnen sich die „faktischen Tatbestandsmerkmale, die eine Handlung beschreiben, ... Vorgänge eines äußeren Geschehens darstellen," dadurch aus, daß sie „Tatsachenfeststellung"[4]) und schlichte „Subsumtion von Tatsachen"[5]), also eine rein intellektuelle Tätigkeit, vom Richter fordern und „die Richtersprüche ... an der Berechenbarkeit und Objektivität logischer Schlußfolgerungen" teilnehmen lassen[6]), so verlangen die normativen Tatbestandsmerkmale ein „richterliches Werturteil"[7]). Sie sind nicht deskriptiv zu fassen, sondern bewußt „elastisch"[8]) und geben „freiem Ermessen" des Richters[9]) Raum.

Unter den normativen Tatbestandsmerkmalen unterscheidet Grünhut zwei Gruppen:

1. „Begriffe, die Denkgebilde der positiven Normenordnung betreffen": die Fremdheit der Sache, das Fehlen der Jagdberechtigung. „Hier entnimmt der Richter das vom Strafrecht geforderte Werturteil anderen Gebieten der Rechtsordnung"[10]). Diese Merkmale nennt er „spezifisch juristische[11])". — Bei ihnen liegt also ein „richterliches Werturteil", das Grünhut zunächst als allgemeines Kennzeichen der normativen Tatbestandsmerkmale angegeben hatte, in Wahrheit gar nicht vor.

---

[1]) Mayer, a. a. O., S. 184.
[2]) Welzel, JZ 1952/19f.; 133 ff.; 208f.; Kaufmann, Normentheorie, S. 137ff.; vgl. unten S. 63 ff.
[3]) vgl. Engisch, Mezger-Festschrift, S. 145.
[4]) S. 5.
[5]) S. 7.
[6]) S. 7.
[7]) S. 5.
[8]) S. 4.
[9]) S. 7.
[10]) S. 6.
[11]) S. 6.

2. Die zweite Gruppe faßt er unter dem Namen „normative Tatbestandsmerkmale allgemeinen Charakters" zusammen. „Hier erwartet das Gesetz vom Richter eine Beurteilung auf Grund allgemeiner Lebenserfahrung, eine außerjuristische Wertung, eine Stellungnahme auf weltanschaulicher Grundlage"[1]. Zu ihnen zählt er: das Übermaß der vom Gemeinschuldner durch Aufwand verbrauchten Summen (§ 240 KO), den unzüchtigen Charakter einer Handlung. Die Beurteilung ist nach Grünhut hier in besonders hohem Maße „freiem Ermessen, freier Überzeugung des Richters überlassen"[2]. An die Stelle einer gesetzlichen Bindung tritt hier „eine bestimmte innere Haltung des Richters"[3].

Ein solches „offenes Aufdecken dessen, was subjektives Werturteil ist"[4], so führt Grünhut weiter aus, ermögliche überhaupt erst eine „objektive Rechtsanwendung", und der „heuristische Wert" des Begriffs der normativen Tatbestandsmerkmale liege gerade darin, daß er „geeignet und bestimmt" sei, „den Wertungscharakter der richterlichen Entscheidung bewußt zu machen"[5].

So ist es nur konsequent, wenn er auch in den scheinbar rein deskriptiven, „faktischen" Tatbestandsmerkmalen normative Elemente sucht — und findet: Durch die Aufnahme in einen Tatbestand werden auch die scheinbar faktischen Elemente einer Veränderung unterworfen. Es entsteht eine „Strukturverschlingung faktischer und normativer Elemente"[6]. Das erläutert er an dem Beispiel des § 73 StGB. Die „natürliche Handlung", die hier als Gegenstand mehrfacher rechtlicher Beurteilung vorausgesetzt wird, sei in Wahrheit gar keine natürliche Handlung in dem Sinne, daß sie schlechthin als ein Gegebenes perzipiert werde. Vielmehr formten wir das natürliche Geschehen bereits vor, indem wir fragten: „eine oder mehrere Handlungen in Bezug auf welche Tatbestände?"[7]. „Erst wenn wir das Verhältnis der gesetzlichen Tatbestände zueinander ins Auge gefaßt haben, können wir die Frage beantworten, ob ein konkreter Täter . . . in Bezug auf bestimmte gesetzliche Tatbestände eine ‚natürliche' Handlung begangen hat"[8]. In dieser Strukturverschlingung erblickt Grünhut die in der Rechtswissenschaft „durchgehends" zu beobachtende „Abhängigkeit des Stoffes von der Methode"[9].

Mit Grünhuts Darlegungen tritt die Diskussion um die normativen Tatbestandsmerkmale in das Stadium der Beeinflussung durch die neu-

---

1) S. 6.
2) S. 7.
3) S. 7.
4) S. 26.
5) Frank-Festgabe I, S. 22.
6) Begriffsbildung, S. 8.
7) S. 12.
8) S. 13.
9) S. 15; vgl. Frank-Festgabe I, S. 23.

kantische Wertphilosophie. Mit dem Schlagwort von der Abhängigkeit des Erkenntnisstoffes von derErkenntnismethode hat er ihr erkenntnistheoretisches Hauptrequisit übernommen.

Auch Mezger[1]) trifft die Unterscheidung in „deskriptive" und „normative" Tatbestandsmerkmale nach der Art der Tätigkeit des urteilenden Richters, die das Gesetz zur Feststellung ihres Vorliegens fordert.

1. Merkmale, die ein „objektiv Gegebenes"[2]) genau beschreiben, deren gegenständliche Entsprechungen vom Richter vermöge eines „Tatsachenurteils", einer „kognitiven" Tätigkeit festgestellt werden, nennt er deskriptive Merkmale[3]). Der Prototyp des „objektiv Gegebenen" ist das Äußerliche, Sinnliche, ja, das „Objektive" und das „Äußerliche" werden stellenweise geradezu gleichgesetzt. Demgemäß ist der Prototyp des eine Handlung, ein „äußeres Geschehen"[4]) beschreibenden Tatbestandes derjenige, der „sich in der Schilderung jener objektiven, äußeren Vorgänge erschöpft"[5]). Nur er könnte in Wahrheit der Forderung des § 2 Abs. 1 StGB nach einer genauen Beschreibung des „objektiven" Unrechts entsprechen[6]).

Mezger legt großen Wert auf die Feststellung, daß die kognitive Tätigkeit des Richters kein bloßes Abbilden des Gegenstandes der Erkenntnis im Bewußtsein, kein „Aufsichwirkenlassen des Objekts" sei, sondern daß Erkenntnis immer nur das Ergebnis einer „kategorialen Umformung "der an sich gestaltlosen Wirklichkeit bedeute, daß m. a. W. das Erkennen ein aktiver Formungs- und Gestaltungsprozeß sei. Auch er übernimmt dabei den Erkenntnisbegriff der Erkenntnistheorie des transzendentalen Idealismus H. Rickerts[7]) und überträgt wie dieser und seine Schule die kantische Lehre, die nur auf die naturwissenschaftliche Erkenntnis ausgerichtet war, auf die Erkenntnis der Gegebenheiten der „kulturellen Zwischenwelt", einer Welt also, die nicht ohne weiteres wie die Natur als bewußtseinstranszendent angesehen werden kann, sondern eine — objektiv gewordene — Schöpfung des Menschengeistes ist, im wahren Wortsinne eben eine „wer-ald", eine „Menschenzeitlichkeit"[8]).

2. Neben jenen deskriptiven Merkmalen anerkennt Mezger als Bestandteile des Tatbestandes auch solche, die nicht eine Beschreibung von Äußerem enthalten, sondern so gefaßt sind, „daß . . . der Gesetzesanwendung weitere Wertungen vorbehalten bleiben", bei denen

---

[1]) Traeger-Festschrift, S. 187 ff.
[2]) S. 216.
[3]) S. 217.
[4]) S. 193.
[5]) S. 193.
[6]) a. a. O.
[7]) Naturwissenschaft und Kulturwissenschaft.
[8]) Kluge-Götze, Etymologisches Wörterbuch, „Welt".

das Gesetz vom urteilenden Richter eine „normativ-wertende Tätigkeit[1]), „ein ergänzendes Werturteil"[2]) fordert. Sie bedeuten also Ausnahmen von dem Wesen des Tatbestandes als ratio essendi oder Werdegrund der Rechtswidrigkeit, d. h. Ausnahmen von seinem Wesen als einem Urteil, durch das das Unrecht erschaffen wird[3]): dieses Urteil spricht hier erst der Richter.

Wenn in diesem Blankettnormcharakter das Wesen der normativen Tatbestandsmerkmale besteht, dann bedeuten sie eine Gefahr für den Grundsatz des § 2 Abs. 1 StGB, dann sind sie „weiche Stellen" innerhalb des Tatbestandes und unterhöhlen seine rechtsstaatliche Funktion[4]). So fordert Mezger[5]) denn auch noch in seinem Lehrbuch „aus rechtsstaatlichen Gründen" eine stärkere Betonung der deskriptiven Merkmale in den Tatbeständen, „um so das ‚Werturteil' mit seiner Unbestimmtheit und seinem oft nicht ungefährlichen Subjektivismus tunlichst zurückzudrängen".

Die Herrschaft der Subjektivität in der Gesetzesanwendung, die er für die Definition der normativen Tatbestandsmerkmale als das Kennzeichen schlechthin verwandt hatte, schränkt er aber wie Grünhut bald wieder ein. Die Durchsetzung der Tatbestände mit solchen Merkmalen bedeute keine Auslieferung an das völlig freie Ermessen des Richters, vielmehr werde er bei Anwendung des Strafgesetzes auf die „Anlehnung" an „einen gegebenen Normenkomplex, also auf ‚seiendes Sollen' verwiesen"[6]), und durch diese Ausrichtung an gegebenen Normenkomplexen würden die Wertungen des Richters, „so sehr sie . . . subjektiven Ursprungs sind"[7]), „objektiviert".

Als solche Ermessenshilfen oder -richtlinien kommen folgende Normenkomplexe in Betracht:

a) der Komplex der „Wertungen in anderen Rechtsgebieten". Diese Wertungen bestimmen das Ermessen des Richters bei Merkmalen wie „fremd", „Vormund", „Kaufmann", „Beamter", „strafbare Handlung" u. ä.[8]).

b) der Komplex der „Wertungen . . . ethischer, sozialer, wirtschaftlicher, allgemein ‚kultureller' Art". Die Wertungen der Moral und Sitte unterstützen die Ermessenausübung des Strafrichters bei der Fest-

---

[1]) Traeger-Festschrift, S. 217.
[2]) S. 225.
[3]) S. 190f.; vgl. GS 89/260, 262; Lb., 3. Aufl., S. 182 ff.
[4]) vgl. auch Schröder, 41. Juristentag, I, 2, S. 66: „Jede richterliche Entscheidung, an der der Gebrauch des wertenden Ermessens einen wesentlichen Anteil hat, bedeutet einen Schritt fort von dem Ideal gleichmäßiger und berechenbarer Rechtspflege."
[5]) Lb., 3. Aufl., S. 191.
[6]) Traeger-Festschrift, S. 217f., 229.
[7]) S. 217; vgl. RG-Festschrift V/20.
[8]) Traeger-Festschrift, S. 225f.

stellung des Vorliegens von Merkmalen wie „unzüchtig" und „Unzucht", „unbescholten", „geeignet, Ärgernis zu erregen"; soziale Wertungen spielen eine Rolle bei den Merkmalen der „Beleidigung" oder des „Verächtlichmachens"; wirtschaftliche Wertungen beim „Vermögensschaden", „Nachteil"; biologische Wertungen bei der „Bestimmung des Gesundheits- oder Krankheitsbegriffes". — Ferner zählt er hierher die Merkmale „hilflos", „wehrlos", „Siechtum", „wegnehmen", „Beisichführen von Waffen", „Beschädigung", „Inbrandsetzen" u. a. unter der Bezeichnung „Merkmale quantitativer Abschätzung", bei denen „vielfach nichts anderes übrig (bleibt), als den Richter auf sein abwägendes Urteil im Einzelfall zu verweisen"[1]).

Der Ansatz zur Objektivierung wird jedoch wieder stark entkräftet durch die Betonung des rein subjektiven Gesichtspunktes an anderen Stellen der Abhandlung. So meint er[2]), durch die „Anlehnung" an anerkannte und vollzogene Wertungen werde doch nie die „richterliche Eigenwertung" ganz ersetzt, eine „subjektive Beimischung" eigne also allen Wertungsdelikten. So bildet er ferner[3]) eine ganze dritte Gruppe von Delikten mit normativen Merkmalen, die „subjektiven Wertungsdelikte", „in denen der Richter bei der erforderlichen Wertung ganz auf sein subjektives Ermessen angewiesen ist". Hierfür bringt er jedoch keinerlei Beispiele.

Die in der Mitte zwischen deskriptiven und normativen Merkmalen liegenden schon[4]) erwähnten „Merkmale kognitiver Beurteilung", bei denen es auf die Vergleichung zweier kognitiv festgestellter Gegebenheiten oder auf das Messen einer kognitiv festgestellten Tatsache an einem generellen Erfahrungssatz ankommt, rechnete Mezger trotz ihrer Grenzlage hier noch den deskriptiven Merkmalen zu. Jetzt bezeichnet er auch sie als normative Merkmale[5]).

Der heuristische Wert der Unterscheidung der Tatbestandsmerkmale in solche, deren Vorliegen durch „Tatsachenurteil" und solche, deren Vorliegen durch „Werturteil" festgestellt wird, muß, so plausibel das Kriterium auch klingt, sehr in Zweifel gezogen werden, wenn man sich klargemacht hat, daß der Begriff des „Wertens", der mit dem der „Subjektivität" stets in einem Atem genannt wird, in Grünhuts und besonders in Mezgers Ausführungen in einem dreifachen Sinne gebraucht wird. Auch die „Subjektivität", die bei der Feststellung der normativen Tatbestandsmerkmale obwaltet, hat drei verschiedene Bedeutungen:

1. Zunächst sei noch einmal daran erinnert, daß nach Grünhut und Mezger das „Ermessen" des Richters, seine „Eigenwertung", das

---

[1]) S. 226—228.
[2]) S. 229.
[3]) S. 229; vgl. RG-Festschrift, V/21.
[4]) s. oben S. 25f.
[5]) ibd.

Charakteristische bei der Feststellung der normativen Tatbestandsmerkmale ist: die „Normenkomplexe" waren nur Richtlinien, Wegweiser, Stützen der Ermessensausübung, nicht traten sie an deren Stelle; das ergänzende Werturteil des Richters erst sollte den Tatbestand abrunden.

Bei diesem Verhältnis von Normenkomplex und Eigenwertung müßte also die Entscheidung des Richters darüber, ob ein Verhalten „unzüchtig" ist, letzten Endes vom Richter so getroffen werden, wie es seiner persönlichen Überzeugung von Zucht und Unzucht entspricht, müßte er eine eigene Stellungnahme dazu abgeben. Sein Spruch wäre also in Wahrheit kein Erkenntnis, sondern ein Bekenntnis. Die letzte, persönliche Stellungnahme dazu aber, ob etwas züchtig oder unzüchtig ist, schamlos, schamverletzend oder nicht, ob eine Schrift geeignet ist, Jugendliche „sittlich schwer zu gefährden" (§§ 6, 21 des Gesetzes über die Verbreitung jugendgefährdender Schriften), ist immer — bis auf äußerste, in ihrer Allgemeinheit nur formale Kriterien — subjektiv, weil emotional und irrational verwurzelt, und logisch nicht zurückführbar[1]).

2. Wenn ich dagegen ein Papier als „Urkunde", einen Menschen als „Beamten" werte (z. B. im Sinne des § 113 StGB, wo das Merkmal unstreitig vom Vorsatz umfaßt werden muß, so kann von einem solchen emotionalen Stellungnehmen keine Rede sein: ich subsumiere das Papier oder den Menschen unter den von anderen Menschen geprägten, von mir erkannten und übernommenen Begriff der Urkunde oder des Beamten, wobei die Bildung des Begriffs und die Subsumtion unter ihn rein intellektuelle, logische Vorgänge sind[2]). Ich erkenne hier einen Gegenstand in seinem durch die Stellung in der Sozialordnung geprägten und mir abstrakt, begrifflich, bekannten Wesen, begreife ihn als das, was er ist; weder das Urteil der Gemeinschaft noch mein eigenes Urteil über diesen Gegenstand hat aber etwas mit einer irrationalen letzten Entscheidung zu tun, wie es bei Begriffen aus der ethischen, ästhetischen oder religiösen Sphäre der Fall ist.

Auch dieses Erkennen von Sinnzusammenhängen kann man „werten" nennen; nur muß man sich darüber im klaren sein, daß dieses „Werten" einen anderen Charakter hat als dasjenige im ethischen, ästhetischen oder religiösen Bereich[3]). Der als „werten" bezeichnete Subsumtionsakt entspricht bei diesen Sinnmerkmalen genau demjenigen, durch den ich feststelle, ob eine Handlung „gefährlich" oder eine Tatsache „wahr" ist, Akte, die Mezger zu den „kognitiven" rechnet[4]). Wie ich dort unter

---

[1]) vgl. Schröder, 41. JTag, I, 2, S. 63; Heyde, Wert, S. 143 ff.

[2]) vgl. Krüger, Z 54/638f.

[3]) vgl. Krüger, a. a. O.; Finger, Strafrecht, S. 460f.; Dahm, Deutsches Recht, S. 80f.

[4]) s. oben S. 25f.

den Inhalt eines Erfahrungssatzes subsumiere, so hier unter den Inhalt des Begriffs der „Urkunde", des „Beamten" usw.[1]).

3. Endlich wird das Wort „werten" im Sinne einer „quantitativen Abschätzung", eines Abwägens, Würdigens, Festlegens von Grenzen gebraucht; z. B. beim „Werten" einer Geldsumme als „übermäßig" (§ 240 KO), beim „Werten" einer Handlung als „Inbrandsetzung", als „Beschädigung", eines Gegenstandes als „geringwertig", eines Menschen als „krank", „hilflos". Eichmann[2]) spricht hier von einem „praktischen Sinn des Wortes Werten".

Es liegt auf der Hand, daß auch hier irrationale und emotionale Elemente gerade keine entscheidende Rolle spielen, eine „Stellungnahme auf weltanschaulicher Grundlage" (Grünhut) also nicht vorliegt.

Das Moment der Subjektivität, das in der zweiten Gruppe vorgefunden wird, hat nicht, wie im ersten Fall, den Charakter des das Ergebnis einer Wertung notwendig Bedingenden, sondern es stellt eine Unzulänglichkeit, ein Zurückbleiben hinter einem Ideal dar: wenn ich keine logischen Fehler bei der Subsumtion unter den Begriff der Urkunde oder der Fremdheit begehe, ist das Ergebnis der „Wertung", ob eine „Urkunde" oder eine „fremde" Sache vorliegt, rein objektiv bestimmt; die Subjektivität des Urteilenden tritt dagegen — anders als beim Werten als „unzüchtig" — ganz zurück.

In der dritten Gruppe, bei dem „Werten" als Abschätzen, ist der Obersatz des richterlichen Syllogismus ein Erfahrungssatz mit ebenfalls weitgehend objektiv faßbarem Inhalt. Was es bedeutet, daß ein Mensch „krank", „hilflos", eine Sache „beschädigt", „in Brand gesetzt" ist: all das ist aus der Erfahrung zu entnehmen. Und die Unterordnung eines einzelnen Falles unter ein solches Tatbestandsmerkmal erfolgt wiederum im Wege der Subsumtion.

Auch die Subjektivität spielt also eine ganz verschiedene Rolle: gehört sie in der Gruppe 1) als logisch immanenter Bestandteil zum Wertungsbegriff hinzu, so ist sie in den Fällen der Gruppe 2) und 3) nur ein lästiges Nebenprodukt beim „Werten", das zwar in der Praxis beobachtet werden kann, aber theoretisch vermeidbar ist.

Sieht man die Dinge nach dieser Differenzierung noch einmal an, so wird man zugeben müssen, daß die Gefahr für den Grundsatz der Tatbestandsbestimmtheit, die Mezger in allen normativen Tatbestandsmerkmalen, aber auch nur in diesen erblickt, sowohl theoretisch als

---

[1]) Das betont auch Hofmann in seiner im ganzen recht wenig ergiebigen Arbeit (S. 14). Er hält aber die spezifisch juristischen normativen Merkmale doch für eine „Zwischenstufe" zwischen rein deskriptiven und rein normativen. Bei diesen hält er an dem Mezgerschen Kriterium des richterlichen Ermessens und der richterlichen Subjektivität fest: „Was z. B. unzüchtig oder beleidigend ist, muß der Täter dem Richter zur Entscheidung überlassen. Das Ergebnis steht vorher nicht fest." (S. 14, 16).

[2]) S. 10.

auch praktisch bei den zahlenmäßig weit in der Mehrzahl befindlichen Merkmalen der Gruppe 2) und 3) weit geringer ist als bei denen der Gruppe 1), selbst wenn man einmal davon ausgeht, daß Mezgers und Grünhuts Auffassung von der Ermessensdelegation an den Richter bei den letzteren richtig ist[1]): Theoretisch, weil, wie gesagt, im Falle der richtigen Subsumtion unter den Erfahrungssatz oder unter den Rechtsbegriff, die beide doch sehr stark objektivierbar sind, unabhängig von der Person des Richters stets das gleiche Ergebnis mit der Berechenbarkeit und Exaktheit, die logischen Operationen eigen ist, zustandekommen muß; so ist die Entscheidung, ob eine Sache „fremd" ist, von der Subjektivität des Richters vollkommen unabhängig. Und in praktischer Hinsicht wird man kaum die Behauptung aufrechterhalten können, daß die bei der Feststellung des Vorliegens von normativen Tatbestandsmerkmalen wie „fremd", „Urkunde", „Kaufmann" bei verschiedenen Richtern zutagetretenden Verschiedenheiten wesentlich größer und somit für § 2 StGB gefährlicher sind als die Verschiedenheiten bei zahlreichen „kognitiven" Feststellungen:

Die Sicherheit und Berechenbarkeit des Urteils darüber, ob ein Gegenstand als eine „Sache" anzusehen sei, ist, wie ein Blick auf die Rechtsprechung des Reichsgerichts lehrt, keineswegs größer als die Berechenbarkeit der Feststellung, ob eine „Urkunde" vorliegt, und doch hat in dem Tatbestandsmerkmal der Sache noch niemand eine Gefährdung des § 2 erblickt: Während das Reichsgericht einmal[2]) erklärt, nur res corporales (= res, quae tangi possunt) seien „Sachen", werden ein andermal[3]) Forderungen als „Sachen" i. S. des § 137 StGB behandelt; oder es wird das Verstopfen einer Quelle, deren Wesen doch nicht in der Körperlichkeit des Wassers, sondern in seinem Fließen liegt, als Sachbeschädigung angesprochen[4]). Schließlich sei an die Kontroverse erinnert, ob die elektrische Energie eine „Sache" sei, eine Kontroverse, die das Reichsgericht[5]) im negativen Sinne entschied und die erst durch das „Gesetz betr. die Entziehung elektrischer Arbeit" beendet wurde. Wenn man noch bedenkt, daß Erik Wolf[6]) das Anstrahlen oder Überschatten eines Schattenspieles als Sachbeschädigung behandelt wissen will, so wird man zugeben, daß das Kriterium der Unbestimmtheit nicht nur den normativen Tatbestandsmerkmalen zukommt — eine Tatsache, auf die im Anschluß an Mezgers Ausführungen verschiedentlich hingewiesen worden ist. So schreibt z. B. v. Weber[7]): „Die Unbestimmt-

---

[1]) vgl. unten S. 79 f., 89 ff., 99 ff.
[2]) RG 8/399 ff.; 24/40 ff. (50) (Plenarbeschluß vom 8. März 1893); RG 32/165ff.
[3]) RG 12/184 ff.
[4]) RG 58/346f.
[5]) RG 32/165 ff.
[6]) RG-Festgabe V, S. 64.
[7]) Wiss. Vierteljahresschrift zur Prager Juristischen Zeitschrift 1927 II/Sp. 60. Ähnlich: H. J. Bruns, Die Befreiung des Strafrechts, S. 324f. mit weiteren Nach-

heit ist dem normativen Tatbestandselement als solchem nicht wesentlich. Diese Unbestimmtheit kann umgekehrt vielmehr auch dem rein deskriptiven Tatbestandselemente eignen. Sie hat ihre Ursache in der Vieldeutigkeit der vom Gesetzgeber verwendeten Worte ... Um einen Begriffskern gruppiert sich ein unklares Grenzgebiet; wir subsumieren jedem Begriff eine Anzahl Erscheinungen mit Sicherheit, während andere ihm bald zu unterfallen scheinen, bald außerhalb liegen bleiben ..." Das zeige besonders klar der scheinbar so eindeutige Begriff „Mensch", der „eine gerade im Strafrecht beim Kindesmorde sehr empfindliche Unbestimmtheit hinsichtlich des Beginnes der Menschqualität aufweist".

Umgekehrt ist nicht zu verkennen, daß eine Anzahl normativer Begriffe — „fremd", „Ehe", „Kaufmann" — ausgesprochene scharfe Konturen aufweist, so daß ihr Vorliegen mit großer Sicherheit festgestellt werden kann. Hier also kann von einer Gefährdung der Tatbestandsbestimmtheit keine Rede sein [1]).

Die Anzahl der Merkmale aber, die ein Werten im ersten, echten Sinne der emotional-irrationalen Stellungnahme voraussetzen [2]), die also, wäre die Auffassung von dem Ermessensspielraum des Richters wirklich richtig, eine Gefahr für den Grundsatz der Tatbestandsbestimmtheit bedeuten könnten, ist auffallend gering. Es sind i. w.: der Unzuchtsbegriff der §§ 174ff. StGB, ferner die „Eignung, Ärgernis zu erregen" in § 184b StGB, die „gröbliche Verletzung des Schamgefühls" in § 184a StGB, die „Anstandsverletzung" in § 184 Ziff. 3a StGB, die „Unbescholtenheit" in § 182 StGB, die „Entstellung" in § 224 StGB (Maßstab ist hier die ästhetische Vorstellung von der Schönheit des menschlichen Körpers), die „Gotteslästerung" in § 166 StGB, die „Gefährdung des sittlichen Wohls" eines Kindes in § 170d StGB, die „schwere sittliche Gefährdung" i. S. der §§ 6, 21 des Gesetzes über die Verbreitung jugendgefährdender Schriften.

Der Befund des notwendigen Vorwiegens der Subjektivität beim Akt des „echten" Wertens sowie die Tatsache, daß dieser Wertungsakt im letzten Grunde irrationaler Art ist, wird von Mezger und Grünhut auf die genannten anderen, auch als „Werten" bezeichneten Akte übertragen. Wenigstens was die Sinnmerkmale angeht (Gruppe 2), erklärt sich dieser Vorgang aus der Veränderung, die der Wertbegriff in der südwestdeutschen Philosophie erfahren hat. Rickert [3]) hatte den Wert zunächst umschrieben [4]) als etwas, das uns „berührt", „angeht", „nicht gleich-

---

weisen; Erik Wolf, Typen, S. 54f.; Thierfelder, Normativ und Wert, S. 70f.; Engisch, Mezger-Festschrift, S. 142.

[1]) vgl. v. Weber, a. a. O.; Engisch, a. a. O.

[2]) Die Frage ist nur, ob sie eine Stellungnahme durch den Richter voraussetzen! s. o. Note 1 zu S. 38.

[3]) System I, S. 114.

[4]) Eine „Definition" des Wertbegriffs als „eines der letzten und unableitbaren Begriffe" erklärt er (S. 113) für unmöglich.

gültig ist": „Einem Werte gegenüber ... bleiben wir ... nie ... gleichgültig. Er zieht uns in seine Kreise, läßt uns nicht ruhen, sondern erweckt unser Mitleben. Wir nehmen zu ihm Stellung, sind an ihm ‚beteiligt', ... fühlen uns ergriffen und aufgerufen in unserer Spontaneität, sind an ihn gefesselt ..."

Seine spätere Zusammenfassung alles dessen, „was zum nicht Existierenden gehört" (sondern nur „gilt"), unter den Begriff des „Wertes" und ferner sein Prinzip der Negation als Kriterium von Existentem und Geltendem[1]) führten ihn aber dann dazu, auch dem kulturellen Sinn Wertcharakter beizumessen[2]). Und seine Schüler Lask und Erik Wolf setzen durchweg „Wert" = (Kultur-) „Bedeutung". In Lasks Rechtsphilosophie finden sich, sobald das Wort „Wert" gebraucht wird, die Worte „Bedeutung" oder „Kulturbedeutung" als Apposition[3]).

In der Erkenntnis, daß unter Mezgers Begriff des normativen Tatbestandsmerkmals tatsächlich eine Reihe völlig heterogener Merkmale zusammengefaßt ist (was sich am deutlichsten bei einer Gegenüberstellung der rechtlich-normativen Merkmale mit ihrem aus anderen Gebieten der Rechtsordnung recht sicher ablesbaren Inhalt und denjenigen der ersten Gruppe zeigt[4]), wurde von Bienenfeld[5]), Finger[6]), Thierfelder[7]), Krüger[8]), Mittasch[9]) vorgeschlagen, den Begriff „normativ" auf diejenigen Merkmale zu beschränken, die „auf einen Wert abstellen" (Thierfelder), bei denen der Richter einen Sachverhalt „positiv oder negativ bewerten muß" (Bienenfeld) o. ä.

Wolter[10]) sucht die Mezgersche Zusammenfassung heterogener und auch von ihm als heterogen betonter Merkmale unter dem gemeinsamen Oberbegriff „normativ" dadurch aufrechtzuerhalten, daß er den Begriff des Normativen für die von ihm untersuchten Merkmale „fremd", „Beamter", „Ehe" und „Urkunde" völlig selbständig und von der axiologischen „Normalbedeutung" der Wertbezogenheit abweichend bestimmt als „‚normative' Gebilde ohne Wertmoment"[11]).

---

[1]) System I, S. 117. Das Prinzip der Negation beruht auf dem Grundsatz, daß es keine negative Existenz gibt: was nicht vorhanden ist, ist kein anderes, sondern nichts. — Bei einem Wert ist es anders. Er hat stets einen negativen Wert, eine „Sinnumkehrung", sich gegenüber: was nicht kalt ist, ist nicht nichts, sondern warm; was nicht schön ist, ist nicht nichts, sondern häßlich, usf.

[2]) System I, S. 118f.; Gegenstand, 6. Aufl., S. 260 ff.

[3]) z. B. S. 280, 281, 286, 288, 290 und passim.

[4]) So bezeichnete v. Weber, Notstandsproblem, S. 77, Fußnote 2) Begriffe wie „fremd" als reine Seinsbegriffe.

[5]) Die Haftungen ohne Verschulden, S. 404 ff. (406).

[6]) Strafrecht, 1932, S. 460.

[7]) Normativ und Wert, S. 66 ff.

[8]) Z. 54/638; 55/89.

[9]) Wertbeziehendes Denken, S. 48.

[10]) MoKrPsych., XXI (1930) S. 455 ff.

[11]) a. a. O., S. 457.

In Anlehnung an Znamierowski[1]) führt er aus, das im Begriff des Normativen stets enthaltene „Sollenselement“ habe eine doppelte Bedeutung, da das „Sollen“ „einmal ein Werten zum Vorschein bringt, das andere Mal eine Setzung“[2]). Wie die „Wertung“ durch „axiologische“ Normen, so sei die „Setzung“ durch „thetische“ oder „konstruktive“ Normen bedingt. Dies seien Normen, die einer Handlung oder Sache einen neuen, „konventionellen“ Sinn verliehen, den sie außerhalb der Normenordnung gar nicht hätten, die also eine „neue Fläche der Wirklichkeit“ konstituierten[3]). In diesem Sinne „konstruktiv“ für den Begriff der Fremdheit (des fremden Eigentums) sei z. B. die „Norm“ des § 903 BGB, weil sie dem Eigentümer nicht bloß die faktische Möglichkeit, sondern die rechtliche Befugnis gebe, mit seiner Sache nach Belieben zu verfahren usw. Den Eigentumserwerbsnormen (§§ 929 ff. BGB usw.) komme eine solche konstruktive Bedeutung nicht zu, da die in ihnen geregelten Erwerbstatsachen eben wieder nur durch die Beziehung auf die Norm des § 903 BGB ihren Sinn erhielten.

Tatbestandsmerkmale, die auf eine solche thetische Norm bezogen sind, nennt er nun ebenso „normativ“ wie die auf eine axiologische Norm bezogenen. „Der Wesenskern der normativen Merkmale, die keine Wertung aufweisen“, besteht nach ihm in einem „normativen Sinn“, „wobei ‚normativ‘ nichts mit Wertungen zu tun hat, sondern die Bedeutung nur innerhalb der Normenwelt bezeichnet.“[4])

III. Erik Wolf.

Die folgenschwere Stellungnahme Erik Wolfs zu unserem Problemkreis läßt sich nur dann voll ermessen, wenn auf seine philosophischen Voraussetzungen zurückgegriffen wird: Sie ruht ganz auf dem Systemgebäude Rickerts und der Rechtsphilosophie von dessen Schüler Lask.

Ebensowenig wie die Begriffe und Gesetze der Naturwissenschaft bloße „Ausfaserungen“ des gegenständlichen Gehaltes des Realen sind, sondern methodologische „Umgestaltungen“ oder „Umformungen“ des Realen durch die erkennenden empirischen Subjekte[5]), die das „Chaos“ oder das „Gewühl“ der Erlebnisse und Empfindungen durch Akte theoretischer Formung zum wissenschaftlichen Kosmos gliedern[6]), — ebensowenig hat es nach Wolf die (Straf-) Rechtswissenschaft als eine „Kulturwissenschaft“ mit objektiv gegebenen Erkenntnisgegenständen zu tun: „Was uns interessiert, ist das Problem der Materialumformung durch die strafrechtliche und strafrechtswissenschaftliche Methode; nicht, was an werthaftem und empirischem Material in die strafrechtlichen

---

[1]) Podstawowe pojecie teorji prawa, Grundbegriffe der Rechtstheorie, 1924.
[2]) a. a. O., S. 463.
[3]) a. a. O., S. 464, 467.
[4]) a. a. O., S. 465.
[5]) Gegenstand, 6. Aufl., S. 353; vgl. hierzu Welzel, Naturalismus, S. 45 ff.
[6]) System I, S. 50; Philosophie des Lebens, S. 14, 18.

Begriffe eingeht, sondern was die strafrechtliche Begriffsbildung aus dem in sie eingehenden Material formt, ist es, was uns klarzustellen obliegt. Mit anderen Worten: es ist die Wissenschaftsform der Strafrechtsbegriffe, die uns interessiert, und es ist nicht ihr Realitäts- oder Idealitätsgehalt, den wir kennen lernen wollen."[1])

Die wissenschaftliche Betrachtung des Strafrechts ist aber schon eine zweite methodologische Umformung, die entsteht, indem „die strafrechtliche Kulturwirklichkeit" als „Material" „in die Systemform der Strafrechtswissenschaft eingeht", weil sie auf den „Wahrheitswert der Wissenschaft" bezogen wird[2]). Das Material, an dem diese Umformung zu (straf-) rechtswissenschaftlichen Begriffen vollzogen wird, die „strafrechtliche Kulturwirklichkeit", die „Kultursphäre des Strafrechts", ist selbst schon begrifflich vorgeformt, ist, wie Lask anschaulich sagt, ein begriffliches „Halbfabrikat", entstanden dadurch, daß „gewisse empirische Tatsachen mit Strafrechtswerten (-Zwecken) verbunden werden"[3]). Wenn sich die Strafrechtswissenschaft also mit Begriffen wie „Handlung", „Anstiftung", „Beihilfe", „Krankheit" in §§ 221, 223 b, 327 StGB befaßt, so ist ihr Gegenstand nicht das, was „Handlung", „Krankheit" usf. der Natur der Sache nach sind, sondern das, wozu bestimmte empirische „Kultursachverhalte" oder „-tatsachen" durch ihre „Vergesetzlichung", ihre Beziehung auf (Straf-) Rechtswerte oder -zwecke, also durch begriffliche Umformung, gemacht worden sind[4]). Die Methode der strafrechtlichen Begriffsbildung — d. h. aber letzten Endes: das positive Recht — bestimmt also den Stoff, mit dem die Strafrechtswissenschaft zu tun hat: die Kulturwirklichkeit „Strafrecht" als die „Gesamtheit der realen Objekte, an denen (Strafrechts-) Werte haften", wie Wolf im Anschluß an Rickert sagt[5]). Strafrechtswerte oder -zwecke[6]), wie sie in unaufhebbarer Strukturverschlingung mit empirischem Material in den einzelnen Tatbeständen erscheinen, sind aber nur Konkretionen des jeweiligen (!) allgemeinen Staatszwecks[7]), der mithin im Ergebnis den Gegenstand der Strafrechtswissenschaft bestimmt. Die Ausmittelung des jeweiligen Staatszwecks und seiner strafrechtlichen Konkretionen ist Aufgabe einer besonderen Wissenschaftssparte, der Strafrechtsphilosophie[8]).

Befaßt sich also die Strafrechtswissenschaft mit einem gesetzlichen Tatbestand, so hat sie vor sich ein „wertbehaftetes Kultursubstrat"[9]),

---

[1]) SchL. S. 91. Hervorhebungen von Wolf.
[2]) SchL. S. 93 in Anlehnung an Lask.
[3]) SchL. S. 93; vgl. S. 79.
[4]) SchL. S. 84, 92f., 95.
[5]) SchL. S. 77; vgl. Rickert, System I, S. 130.
[6]) von Wolf synonym gebraucht, z. B. SchL. S. 93, Sachbegriff, S. 50, 57.
[7]) Typen, S. 8, 10.
[8]) SchL. S. 85.
[9]) ibid.

einen Bestand von empirischen Realitäten, „natürlichen Seinsfakten", an denen in eigentümlicher, unaufhebbarer Strukturverschlingung strafrechtliche Werte haften[1]); und zwar hat sie vor sich nur diese in bestimmter Weise wertbehafteten empirischen Realitäten, da die Gesamtheit beispielsweise der empirischen Realität „Krankheit" ja durch die Beziehung auf Strafrechtswerte zu einer „strafrechtlichen Krankheit" i. S. des StGB umgeformt ist[2]) — ebenso wie die Rechtswissenschaft bei den Begriffen „Anstiftung", „Beihilfe", „Handlung" nur die „strafrechtliche" Handlung oder die „strafrechtliche" Anstiftung usf. i. S. des StGB vor sich hat.

Da nun durch die Aufnahme in einen gesetzlichen Tatbestand, d. h. durch die in der Beziehung auf Strafrechtswerte bestehende „juristisch-methodologische Umformung eine normative Wendung aller Tatbestandselemente . . . zustande" kommt[3]), d. h.: da die „Vergesetzlichung" immer eine „Wertung", ein Anheften von bestimmten Wertbedeutungen darstellt, gelangt Wolf zu dem Ergebnis: „Alle Tatbestandselemente sind normative, alle Tatbestände sind begrifflich normativer Art."[4])

Diese Bedeutung des Wortes „normativ" (= wertbezogen) ist aber nicht die einzige, in der Wolf es gebraucht. Vielmehr versteht er darunter auch noch etwas anderes:

Im Anschluß an Mezgers Lehre vom Tatbestand als ratio essendi der Rechtswidrigkeit lehnt er[5]) die Trennung von Tatbestandsmäßigkeit und Rechtswidrigkeit scharf ab. Er betrachtet den Tatbestand als ein „wertgetränktes" Gebilde[6]), als „Gemisch abstrakter Beschreibung von Tatsachen und konkreter Ausprägung von Schutzwertgedanken"[7]), mithin als Ausdruck der Wertung einer Handlung als rechtswidrig = objektiv staatsnormwidrig. „Die in ihm erscheinende Wertung ist aber unvollständig. Sie nimmt teils auf ein bereits feststehendes, (rechtliches oder außerrechtliches) Werturteil Bezug, teils fordert sie vom Richter ein ergänzendes Werturteil",[8]) und zwar über die Frage: ist die Handlung rechtswidrig oder rechtmäßig? Die Merkmale, die somit die Funktion des Tatbestandes, nämlich, eine Handlung als rechtswidrig zu bewerten, zum Teil (und zwar, wie sich sofort zeigen wird: zu einem wesentlichen Teil) übernehmen, nennt er im engeren Sinne „normative" Merkmale[9]).

---

[1]) SchL. S. 84f., S. 92.
[2]) SchL. S. 92f.
[3]) Typen, S. 59.
[4]) ibid.
[5]) Typen, S. 5, Anm. 3, S. 37.
[6]) Typen, S. 5, Anm. 3.
[7]) Typen, S. 9.
[8]) Typen, S. 57.
[9]) In ZAkDR 1936/358 trifft er eine dritte Bestimmung von „normativ": „Wenn alle Tatbestandselemente in einem weiteren Sinne, nämlich dem der Wertbezogenheit, ‚normativ' sind, müssen die normativen Tatbestandselemente im

Ihre Tatbestands- (= Wertungs- und Abgrenzungs-) Funktion zeigt sein Beispiel des § 166 StGB mit seinem normativen Tatbestandselement „Gott": „‚Gott' ist ... ein handlungsfremdes Wertgebilde, das in Bezug auf das Vorgefallene ihm den Sinn gibt, es ‚normiert'. Nicht alles und jedes Verletzen religiöser Empfindungen kann tatbestandsmäßig sein, die Grenze setzt eben der Wertbegriff ‚Gott' als Auswahlprinzip der Strafwürdigkeit. In diesem Sinne läßt sich sagen: die normativen Tatbestandselemente haben die Funktion, den Lebensraum strafrechtlicher Schutzgedanken (Normen) abzugrenzen. Sie normieren die Norm als ‚Grenzwerte', ... sie offenbaren ... die dogmatisch-systematische Funktion gewisser Handlungsumstände, den kulturellen Wirkungsraum einer bestimmten Strafnorm abzugrenzen."[1])

Die normativen Tatbestandsmerkmale, durch deren Aufnahme also der Tatbestand die von ihm erstrebte Rechtswidrigkeitsbewertung der Handlung zum Teil offen läßt, teilt Wolf in erklärtem Gegensatz zu Mezgers Einteilung nach Wertgebieten seinerseits ein in „wertgefüllte" und „wertausfüllungsbedürftige". Zu den ersteren rechnet er „alle Rechtswertbegriffe, soweit ihre Auslegung feststeht, und diejenigen unter den Kulturwertbegriffen ..., welche, wie die wirtschaftlichen und wissenschaftlichen, einen festen Wertmaßstab aufweisen"[2]), z. B.: „Kaufmann" in § 240 KO, „Beamter" in § 331 StGB, „Minderjährigkeit" in § 174 StGB[3]). Bei ihnen ist dem Richter „zwar kein subjektiver Ermessensspielraum gelassen, er muß den Begriff so auslegen, wie es feststehende Lehre und Judikatur verlangen — aber die originäre Festgelegtheit des Begriffes ... wandelt sich sachte, und die endgültige Lebensraumbegrenzung der Wirksamkeit strafrechtlicher Wertung wird auch hier erst im Gerichtssaal und am Schreibtisch des Forschers gezogen"[4]). Zu den „wertausfüllungsbedürftigen" normativen Merkmalen rechnet er die mit „mehr oder minder subjektiven Wertungen"[5]), z. B.: „hilflos", „wehrlos", „freiwillig", „öffentlich", „ehrlos"[6]). Ihre „Grenzwertfunktion" erscheint ihm „noch viel problematischer" als die der „wertgefüllten" normativen Tatbestandsmerkmale, denn ihre Auslegung „erfolgt nach richterlichem Ermessen"[7]). Bei ihnen hat der Richter nur leere „Wertformeln vor sich ..., und ihre Ausfüllung (ist) dem subjektiven Wertwissen ausgeliefert"[8]).

---

engeren Sinne einer ergänzenden Bewertung durch den Richter unterschieden werden."

[1]) Typen, S. 59f. Hervorhebungen von Wolf.

[2]) Typen, S. 58.

[3]) Typen, S. 60.

[4]) ibid.

[5]) Typen, S. 58.

[6]) Typen, S. 60f.

[7]) Typen, S. 60.

[8]) Sachbegriff, S. 55. Wenn es in den zwei Jahre nach dem „Sachbegriff" er-

Auf Fragen des Vorsatzes bezüglich der normativen Tatbestandsmerkmale geht Wolf nicht ein.

IV. Welzel.

Wenn die neukantianisch orientierten Strafrechtsdogmatiker die naturalistische Tatbestandslehre durch die Einbeziehung der Wertsphäre ergänzt und bereichert hatten, so wandte sich Welzel in seiner Schrift „Naturalismus und Wertphilosophie im Strafrecht" (1935) entschieden gegen die Art, in der sie die Wertsphäre in die Betrachtung einbezogen und in der sie sie mit der Seinssphäre in Beziehung brachten, oder besser: in der sie Seins- und Wertsphäre auseinanderrissen. An ihrer Wertmetaphysik kritisierte er, daß sie die Antwort auf die entscheidende Frage schuldig geblieben sei, wie jenes „Haften" der irrealen Werte an den realen Seinsgegebenheiten überhaupt gegenständlich zu verstehen sei[1]). Er warf den Neukantianern vor, mit der Konstruktion eines sich über dem lebendigen, aber „chaotischen" Sein wölbenden Himmels in sich ruhender abstrakter, bloß „geltender" Wertgebilde über eine „Komplementärtheorie des Positivismus" in der Strafrechtsdogmatik ebenso wenig hinausgekommen zu sein wie in der Philosophie[2]).

Dieser Theorie stellt Welzel eine Wertmetaphysik gegenüber, die die Werte als „tief im Ontischen wurzelnd" ansieht. Er rechnet z. B. „die ontisch bestimmt geformte Gestalt der Statue, die konkret klingenden Töne des Musikstücks", kurz, das „ontische Sein", zur Wertmaterie, so daß es „das Ontische in seinem ontischen Sosein selbst (ist), das ‚wertig' oder ‚wert' ist". Was die Geltung der Werte anbetrifft, so erblickt er ihre „zweite Seinsverwurzelung" darin, daß sie nichts anderes sind als „die in den emotionalen Akten des Wert-Erfühlens erfaßbaren Bezogenheiten des ontischen Seins auf unser tiefstes Menschsein in seinem ganzen Umfange . . . — oder plastischer: ‚Haltungen' des Menschseins gegenüber der Welt"[3]).

Insofern „finden die Begriffsbildungen des Gesetzes, des Richters und des Wissenschaftlers eine gestaltete, sinnerfüllte reale Welt bereits vor"

schienenen „Typen der Tatbestandsmäßigkeit", die den Aufsatz über den Sachbegriff auf weite Strecken wörtlich übernehmen, S. 60 ebenso heißt, und Wolf dann fortfährt, „mit dem subjektiven (!) Wertwissen" sei nicht dasjenige des einzelnen richterlichen Individuums gemeint, „sondern allein die sich dem für das Recht einsetzenden richterlichen Menschen innerlich offenbarende objektive (!) Gesinnung der Rechtsgemeinschaft" (S. 60, Anm. 1), — so kann ich darin nur einen logischen Widerspruch und nicht, wie Engisch (Mezger-Festschrift, S. 139, Anm. 1), eine „Abschwächung" erblicken: eine nach der „objektiven Gesinnung der Rechtsgemeinschaft" vollzogene Wertung ist m. E. das Gegenteil einer subjektiven Ermessensentscheidung.

[1]) a. a. O., S. 53.

[2]) a. a. O., S. 42, 70; vgl. Jaensch, Die Psychologie in Deutschland und die inneren Richtlinien ihrer Forschungsarbeit, Jahrbücher der Philosophie, hrsg. von Moog, III (1927) S. 100, und Wirklichkeit und Wert (1929), S. 70 ff.

[3]) a. a. O., S. 55, 56.

und sind daher stets nur „Deskriptionen eines gestalteten ontischen Seins“[1]). Insofern also — und dieser Satz will als Antithese zu Erik Wolfs Satz von der Normativität aller Tatbestandsmerkmale verstanden werden — sind alle juristischen Begriffe „deskriptive“ Begriffe — auch wo sie nicht nur das wertfreie, sondern auch dort, wo sie das „wertige“, „in konkreten Wertbeziehungen stehende ontische Sein“ erfassen, eben weil sie hier Deskriptionen eines „ursprünglichen Wertseins“ sind[2]). In diesem Sinne wären somit alle Tatbestandsmerkmale „deskriptiver“ Art.

Allerdings schweben hier mit den Begriffen, die ein „wertiges“ Sein zum Gegenstand haben, — im Gegensatz zu denen, die nur ein „natürliches“ Sein intendieren[3]) — Welzel offensichtlich nur diejenigen vor, in denen eine „Wertung“ im Sinne einer emotional-irrationalen Stellungnahme zum Ausdruck kommt, also nur „echte“ normative Merkmale. Anders ist es nicht zu verstehen, wenn er bei der Erörterung dieser Begriffe[4]) erklärt, zum Verstehen der von ihnen begrifflich intendierten Gegenstände bedürfe es „keiner bloß intellektuellen, sondern einer emotional-werterfühlenden Erkenntniseinstellung“, — wie er denn auch[5]) die Werte gekennzeichnet hatte als die nur „in den emotionalen Akten des Werterfühlens erfaßbaren Bezogenheiten des ontischen Seins auf unser tiefstes Menschsein . . .“

Damit aber hat er den großen Bereich der Sinn- oder Bedeutungsmerkmale hier gar nicht im Blick, denn zum Verstehen des gegenständlichen Gehalts von Merkmalen wie „fremd“, „Beamter“, „Urkunde“[6]) bedarf es offenbar keiner „emotional-werterfühlenden“, sondern nur einer rein logisch-verstandesmäßigen Erkenntniseinstellung.

So beschränkt sich der Aussagewert von Welzels Darlegungen in der besprochenen Schrift auf einen — zahlenmäßig gesehen — nur kleinen Teil unseres Problemkreises.

Dagegen stellt Welzel in seinen neueren Darlegungen zu der Frage der normativen Tatbestandsmerkmale[7]) bei der Bestimmung ihres Wesens und ihrer Abgrenzung von den sog. „deskriptiven“ Merkmalen ausschließlich darauf ab, ob ein Tatumstand „sinnlich wahrgenommen“ oder nur „geistig verstanden“ werden kann. „So wenig ein Bild nur aus Leinwand und aus Farbstrichen besteht, so wenig besteht eine Urkunde lediglich aus Papier und Tinte. Nur das, was allein geistig verstanden werden kann, der Aussageinhalt und die Beweisfunktion des Schrift-

---

[1]) a. a. O., S. 74.
[2]) a. a. O., S. 75.
[3]) wie z. B. der Begriff der „Krankheit“ i. S. des § 1 Ges. zur Verhütung erbkranken Nachwuchses v. 14. Juli 1933.
[4]) a. a. O., S. 75.
[5]) a. a. O., S. 56.
[6]) ob nun das „Verstehen“ des Täters oder dasjenige des Richters gemeint sei.
[7]) JZ 53/120; 54/279; Aktuelle Strafrechtsprobleme, S. 12; Lb., 6. Aufl., S. 65f.

stückes, machen das Stück Papier zur Urkunde . . .“[1]). Das Wesen der „deskriptiven“ Merkmale erblickt er hingegen darin, daß sie „sinnlicher Wahrnehmung zugänglich“ sind[2]).

Auf das Problematische dieser Unterscheidung wird später noch zurückzukommen sein. Hier läßt sich aber schon soviel sagen, daß das in Merkmalen wie „unzüchtig“, „schamverletztend“, „schwere sittliche Gefährdung“ steckende echte Wertungsmoment (Werten im Sinne einer persönlichen, emotionalen Stellungnahme gebraucht) mit der Kategorie der bloßen intellektuellen Verstehbarkeit jedenfalls nicht vollständig erfaßt ist.

C

Die politisch orientierte Behandlung der normativen Tatbestandsmerkmale während der Herrschaft des Nationalsozialismus

Grünhuts, Wolfs und vor allem Mezgers und Eichmanns Hinweise auf die gefährliche „Aufweichung“ des rechtsstaatlichen Tatbestandes durch die „Urteilssubjektivität“[3]), die Ermessensausübung des Richters, bei der Anwendung der normativen Tatbestandsmerkmale wurde von den an der nationalsozialistischen Weltanschauung orientierten Strafrechtstheoretikern als der Anfang vom Ende des rechtsstaatlichen Strafrechtsdenkens angesehen, als Symptom dafür, daß die Zeit zur Abschaffung des „liberalistischen“ Grundsatzes „nulla poena sine lege“ reif sei. So bezeichnet Krüger[4]) die genannten Untersuchungen als das „Virulentwerden latenter Krankheitskeime im Strafrechtskörper“ des liberalistischen Staates.

Die Haltung des nationalsozialistischen Strafrechts zu den normativen Tatbestandsmerkmalen kann man nur verstehen, wenn man sich seine Stellungnahme zum Tatbestandsproblem, zum Satz „nullum crimen sine lege“, überhaupt klar gemacht hat.

In der Doktrin sind mehrere Phasen zu unterscheiden:

I. „Volksgewissen“ und „Richterkönigtum“.

Anfangs steht die Diskussion ganz unter einem negativen Vorzeichen: Das Tatbestandsstrafrecht verdient schon und allein deshalb Ablehnung, weil es Ausfluß des verachteten liberal-aufklärerischen Denkens ist[5]). Getreu dem Worte Goebbels’, der Nationalsozialismus müsse die Überwindung der Ideen von 1789 bringen, „überwindet“ man zunächst

[1]) Akt. StrafRprobl. S. 12.

[2]) Lb., 6. Aufl., S. 65f.

[3]) Eichmann, Seite 12.

[4]) Z 54/S. 595, Anmerk. (vgl. auch S. 638); ähnlich Schaffstein, Politische Strafrechtswissenschaft, S. 11 ff.; Dahm, Richtermacht, S. 5 ff.; H.-J. Bruns, Die Befreiung des Strafrechts, S. 315f.

[5]) vgl. vor allem Henkel, Strafrichter und Gesetz, S. 12 ff.; Krüger Z. 54/S. 592 ff.; Entwurf 1936, Begr. (E-Begr.), S. 1.

diesen Eckpfeiler des bisherigen Strafrechtsdenkens, indem man das individualistische Rechtssicherheitsstreben als „Ausdruck der kalkulierenden Gesinnung des liberalen Zeitalters“[1]), als Ausgeburt des liberalistischen „formalen Rechtsstaates“[2]) verächtlich macht und proklamiert, daß an die Stelle der Freiheit des einzelnen als höchsten Rechtswertes „das Volk“ als höchster Wert zu treten habe[3]). Wie im liberalen „Gesetzgebungsstaat“[4]) die Verwirklichung des Rechtswertes durch Beschränkung der Staatsmacht zugunsten des einzelnen geschah, so soll die Verwirklichung des „höchsten Wertes“ „Volk“ auf strafrechtlichem Gebiet durch die „Gewißheit der Durchsetzung des Rechts“ im Sinne des Rechtsdenkens der Volksgesamtheit geschehen[5]). Nicht das Gesetz soll mehr Quelle des Rechtes sein, sondern das „Volksgewissen“[6]), und die Gewißheit, daß ihm Genüge geschieht, ist, wie Henkel[7]) dialektisch nachweist, der Inhalt des neuen Rechtssicherheitsbegriffs[8]).

Diejenigen, die noch ein Tatbestandsstrafrecht fordern, sind hinreichend widerlegt durch die Entgegnung, sie forderten es nur, „weil sie sich auf dem schlüpfrigen und schmalen Gebiet zwischen sittlich mißbilligtem, aber strafrechtlich nicht erfaßtem Tun bewegen wollen“[9]), weil sie „sich die unvermeidlichen Lücken des geschriebenen Rechts zu Nutze zu machen“ wünschen, „um durch die Maschen des Gesetzes zu schlüpfen“[10]).

Als man nun nach dem ersten Überschwang der Ablehnung des Tatbestandsstrafrechts aus dem Affront gegen das liberale Denken daran ging zu prüfen, was man denn an seine Stelle zu setzen habe, drängte sich natürlich die Vorstellung des „Richterkönigtums“ auf, das „nicht mehr an irgendwelche Formen und Formulierungen gebunden, sondern unmittelbar an das ungeformte und unausgesprochene Rechtsbewußtsein des Volkes angeschlossen ist“[11]).

---

[1]) Krüger Z 54/S. 592.

[2]) Henkel a. a. O., S. 19 ff.

[3]) Franzen, Gesetz und Richter, S. 26; E-Begr. S. 1; v. d. Goltz, ZAkDR 37/164; die Ablehnung des Satzes „nullum crimen sine lege“ mit der Begründung, es handele sich bei ihm um einen „artfremden römischrechtlichen Grundsatz“, findet sich in der Denkschrift des preußischen Justizministers, S. 127, und bei Nicolai in „Deutsches Recht“, dritter Jahrgang, Heft 1, S. 6.

[4]) C. Schmitt, Hüter der Verf., S. 75; Siegert, DStrR 1934/S. 376 ff.

[5]) Henkel, a. a. O., S. 66.

[6]) E-Begr. S. 2 u. passim.

[7]) Henkel, a. a. O., S. 65 ff.

[8]) vgl. auch Wilke, Die Bedeutung des § 2 StGB, S. 8: „Unter Zugrundelegung dieses Begriffs (des Volksgewissens) kann aber die Rechtssicherheit durch Bestrafung von Handlungen im Wege der Rechtsschöpfung niemals beeinträchtigt werden, weil das Schutz- und Sicherungsbedürfnis der Gesamtheit . . . fordert, daß überall Strafe eintritt, wo nach der Rechtsüberzeugung der Gesamtheit Strafwürdigkeit gegeben ist.“

[9]) Henkel a. a. O. S. 68.

[10]) E-Begr. S. 9.

[11]) S. 2 vor E.

II. Tatbestand und „Führerprinzip".

Eine Zeitlang beherrscht die schwärmerische Verherrlichung des Richterkönigtums das strafrechtliche Schrifttum[1]) — bis man auf den Gedanken stößt, daß man ja in einem „Führerstaat" lebt und die Einsicht gewinnt, „daß die Gestaltung der Rechtswerte und Rechtsvorstellungen lediglich durch den Richter mit dem Führergedanken unvereinbar ist"[2]). Verlangt nicht gerade der „Führerstaat" mit seiner Interpretation des Gesetzes als „Führerentscheidung"[3]) und nicht nur Versuch zur Schaffung künftigen Rechts, als „authentische Interpretation des Volksgewissens"[4]), vom Richter „absoluten Gehorsam"[5]) ? Scheint nicht der Schluß unabweislich, „daß die Gefolgschaft, vor allem also der Richter, auf die bloße Vollziehung dieses Gesetzes beschränkt sein müsse"[6]) ? Folgt daraus nicht die Notwendigkeit präziser Führerbefehle in festen Tatbeständen ?

Das Strafgesetzbuch des faschistischen Italien vom 19. Oktober 1930 zieht in der Tat diese Konsequenz: In nicht weniger als 734 Artikeln regelt es die einzelnen Delikte bis in feinste Tatbestandsverästelungen hinein: Qualifizierte Diebstahlstatbestände liegen z. B. vor, wenn drei oder mehr Personen an der Tat beteiligt waren, der Täter verkleidet war oder die Eigenschaft eines öffentlichen Beamten vortäuschte (Artikel 625 Ziff. 5), wenn drei oder mehr Stück Vieh, die zu einer Herde oder einem Rudel zusammengeschlossen sind, gestohlen werden (Artikel 625 Ziff. 8), wenn Miterben, Miteigentümer, Gesellschafter einen Diebstahl gemeinsam begehen, usf.

---

[1]) vgl. Müller: Beamtentum und Nationalsozial., München 1931, S. 58: „Wir müssen uns davon frei machen, daß der Richter dem Gesetz unterworfen ist". — v. Heydebrand u. der Lasa: Deutsche Rechtserneuerung, Berlin 1933, S. 102f.: „Wir wünschen Richter zu sehen . . ., die die gesetzliche Schranke . . . zu überspringen sich getrauen". — Goetzeler: GS 104, S. 350: „Auflockerung der starren Rechtsnormen, Ausbau des richterlichen Ermessens, Stärkung der rechtsgestaltenden Persönlichkeit im gesamten Rechtsleben, Richterkönigtum ist zur Losung im Dritten Reich geworden". — Heinrich Lange: Vom Gesetzesstaat zum Rechtsstaat, Berlin 1934, nimmt an, daß der Gesetzgeber durch die Normierung des Rechts nur die Gliederung geltenden und die Schaffung künftigen Rechts versucht, und daß das Gesetz nur durch das „Aufgehen in der Lebensordnung des Volkes" für den Richter verbindliche Kraft erhalte (vor allem S. 7). — Am entschiedensten vertritt die richterliche Bindungslosigkeit Nicolai: Rassengesetzliche Rechtslehre, München 1934, S. 40f. — Nicht so kraß Schmelzeisen in seinen 3 Schriften: Vom deutschen Recht und seiner Wirklichkeit, Düsseldorf 1933; Die Überwindung der Starrheit im neuzeitlichen Rechtsdenken, Berlin 1933; Das Recht im nationalsozialistischen Weltbild, Leipzig 1934.

[2]) Krüger Z. 55 S. 115; vgl. Franzen, S. 24 ff.

[3]) Dölle, Schmollers Jahrbuch 1933, S. 654.

[4]) Küchenhoff, Nationaler Gemeinschaftsstaat, Volksrecht und Volksrechtsprechung, Berlin 1936, S. 39.

[5]) Herschel, Staatlicher Befehl und richterliches Ermessen im neuen Reich, DJZ 1933, Spalte 1008 ff. (1011); vgl. Franzen, S. 27.

[6]) Krüger, Z. 55/S. 117.

Ist man auf dem Boden des „Führerstaats“ nicht genötigt, solche Konsequenzen zu ziehen?

Aber erstaunt stellt man fest, daß sich ja dann gegenüber dem liberalen Strafrechtsdenken „in der Art der Tätigkeit des Richters nichts ändern“ würde[1]) — ein unannehmbares Ergebnis für den Anhänger der nationalsozialistischen „Revolution“ und prinzipiellen Gegner alles „liberalistischen“ Denkens.

So wurde der „Führergedanke“ maßgebend für den Schritt „zurück“ zum Tatbestandsstrafrecht, der schließlich in der Wissenschaft und endlich in dem Entwurf von 1936 doch getan wurde.

Aber freilich ist der Tatbestand, den man jetzt meint, nicht mehr der alte rechtsstaatliche Tatbestand. Er ist das Ergebnis eines Kompromisses zwischen dem „völkischen Prinzip“ (Rechtsschöpfung aus dem Volksgewissen nach freier richterlicher Überzeugung) und dem „Führerprinzip“ (Befehlsvollziehung durch den Richter). War der Tatbestand früher die absolute Grenze des strafrechtlichen Zugriffs, eine unübersteigbare Mauer, so ist er nach der neuen Deutung „Beispiel“, „Richtlinie“, „Rahmenbefehl“, „Erläuterung allgemeiner Grundsätze“ für den Richter[2]) — Beispiel dafür, nach welcher Richtung der Staat mit der scharfen Waffe des Strafrechts zuzuschlagen wünscht. Denn das ist der erklärte Zweck des Strafgesetzes, nicht Ausdruck der Selbstbeschränkung des Staates, nicht Magna Charta des einzelnen Gliedes der Gesellschaft zu sein, sondern Werkzeug des Staatsführungswillens, der ohne weiteres und ganz selbstverständlich mit der „Stimme des Volks“, dem „Volksgewissen“ identifiziert wird. Nur diese Deutung des Tatbestandes entspricht der „autoritären Staatsauffassung, die das Strafrecht als wesentlichen Bestandteil der Staatsgewalt ansieht und dem Staate die Handhabung dieses Machtmittels sichern will“[3]).

Der autoritäre Staatswille aber, der nationalsozialistische politische Wille, will von seiner Souveränität nichts einbüßen, will frei sein zu reagieren, wie es ihm und seinen wechselnden Zwecken jeweils beliebt. In der Phraseologie des Nationalsozialismus: Der „Führer“ will jederzeit das Volksgewissen „authentisch künden“ können[4]). „Wegweiser der Rechtsfindung sind die Kundmachungen des Führers“, so sagt § 2 Abs. 1 des Entwurfs 1936 ausdrücklich[5]).

---

[1]) Krüger, Z. 55/S. 116.

[2]) Siegert, a. a. O., S. 76; Dahm, Nat. soz. und faschistisches Strafrecht, S. 12, 14.

[3]) Dahm-Schaffstein, Liberales oder autoritäres Strafrecht? S. 52.

[4]) Siegert, a. a. O., S. 17f., 76.

[5]) die amtliche Begründung (S. 8) spricht noch deutlicher von den „autoritativen Kundmachungen“.

Kurz gesagt: man will ein Strafgesetz, das zwar die Richtung des Strafwillens im allgemeinen angibt, das aber die Lenkung und Steuerung von der politischen Spitze her durch ideologische Einflußnahme auf den Richter und seine Auswahl nach ideologischen Gesichtspunkten ermöglicht, ein Strafgesetz, das ausfüllungsfähig und -bedürftig ist, wobei natürlich nur eine solche Wertausfüllung für den Richter in Betracht kommt, „die der Vorstellung der Volksführung entspricht"[1]).

In dialektischer Weise wird die dadurch im Endeffekt doch wieder entstehende Bindung des Richters hinwegeskamotiert: „Die Unabhängigkeit des Richters in ihrem neuen Sinngehalt" besteht in seiner Bindung an nichts, als das (allerdings!) „authentisch interpretierte Volksgewissen"[2]).

Die Fähigkeit zu solcher Wertausfüllung erlangt der Richter durch die „Bindung an die leitenden Grundsätze des völkischen Führerstaates"[3]), durch „eine völlige Einfühlung in die Willensrichtung des Gesetzgebers, d. h. in die weltanschaulichen Grundlagen des neuen Strafrechts"[4]), durch die Bereitschaft, „sich dem Wertbekenntnis seiner Führer zu unterwerfen"[5]). Daher sind zum Richteramte „Männer erforderlich, welche die innere Freiheit aufbringen, die auf der festen Verwurzelung in der das Volksleben tragenden nationalsozialistischen Grundanschauung beruht"[6]), denn „die erforderliche Gleichheit der Ausfüllung der normativen Elemente beim Gesetzgeber und beim Richter" kann nur erreicht werden „durch eine übereinstimmende weltanschauliche, seelische wie willensmäßige Einstellung des Gesetzgebers und des Richters"[7]).

Solchen Anforderungen kann das Strafgesetz nur entsprechen, wenn es genügend Einfallstore für das Einströmen „autoritativer Kundmachungen" offenläßt (diese Kundmachungen werden bezeichnet als „Hilfsmittel für den Richter" bei seinem Bemühen, das dem Volksgewissen entsprechende Recht zu finden[8]). Die Schaffung solcher Einfallstore geschieht im Entwurf 1936, in dem das nationalsozialistische Strafrechtsdenken kulminiert, ganz bewußt und planmäßig durch den gegenüber dem alten Strafgesetzbuch in ungeahnter Weise vermehrten „Einbau ausfüllungsbedürftiger Tatbestandsmerkmale mit sittlichem Wertungszwang"[9]), sowie durch die „Aufnahme zahlreicher wichtiger Tatbestände, die in sittlich bewertungsbedürftiger Art geradezu auf-

---

[1]) Freisler bei Gürtner II, S. 59.
[2]) vgl. die gleichnamige Schrift von Henkel.
[3]) Henkel a. a. O.. S. 21.
[4]) Freisler, a. a. O., S. 58.
[5]) v. Gemmingen, Probleme der Strafrechtsanwendung, S. 52.
[6]) E-Begr. S. 7.
[7]) Freisler a. a. O., S. 59f.
[8]) E.-Begr. S. 3.
[9]) a. a. O.

gebaut sind"[1]), d. h. durch die Aufnahme des Verstoßes gegen das „gesunde Volksempfinden" als Tatbestandsmerkmal[2]).

Der Maßstab des Sittlichen ist hierbei die „das Volksleben tragende nationalsozialistische Grundanschauung"; er ist bestimmt „durch das dem nationalsozialistischen Staate zugrunde liegende Prinzip"[3]).

Aus der großen Anzahl der neuen normativen Tatbestandsmerkmale und Tatbestände seien einige genannt:

Bestraft wird, „wer verehrungswürdige Männer oder Frauen der deutschen Vergangenheit öffentlich beschimpft oder böswillig verächtlich macht," (§ 126);

„wer es unternimmt, außerhalb des deutschen Reiches lebende Teile des deutschen Volkes ihrem Volkstum zu entfremden . . ." (§ 117);

wer als arischer deutscher Staatsangehöriger mit einem Juden „öffentlich in einer gegen das geschlechtliche Schamgefühl gröblich verstoßenden Weise Umgang pflegt und dadurch den Rassestolz des deutschen Volkes verletzt," ebenso der Jude (§ 134);

„wer . . . öffentlich den Grundgedanken der staatlichen Erb- oder Rassenpflege böslich entgegenwirkt," (§ 136);

„wer den Fortpflanzungswillen" (§ 138), den „Willen des deutschen Volkes zur wehrhaften Selbstbehauptung" (§ 144) die „Manneszucht in der Wehrmacht" (§ 146), den „Arbeitswillen des deutschen Volkes" (§ 159) zu „lähmen oder zu zersetzen" oder zu „untergraben" sucht; „wer öffentlich die Ehe oder die Mutterschaft schmäht oder böswillig verächtlich macht" (§ 188), usf.

Wie die Handhabung eines solchen Strafgesetzes ausgesehen hätte, davon vermittelt uns das Urteil des Reichsgerichts vom 18. 1. 1934, DJ 1934, S. 393ff., ein anschauliches Beispiel:

Während vor 1933 die Führer von Jugendgruppen mit Rücksicht auf die ausschließlich von Schule und Elternhaus wahrgenommene Erziehungsgewalt nicht als „Erzieher" im Sinne des § 174, Ziff. 1 StGB angesehen worden waren, mißt das RG den Führern der Hitlerjugend diese Eigenschaft in dem angeführten Urteil bei. Zur Begründung führt es folgendes aus:

„Durch die Führer der Hitlerjugend soll die gesamte Lebensführung der deutschen Jugendlichen im Sinne der nationalsozialistischen Weltanschauung beeinflußt und die Jugend im Geiste des neuen Staates erzogen werden . . . Das ergibt sich aus den Grundgedanken, die Adolf Hitler in seinem Buche ‚Mein Kampf' niedergelegt hat, ferner auch aus

[1]) a. a. O.

[2]) auf dem Gebiete der Rechtsfolgebestimmung im Gegensatz zu dem der Tatbestandsfestlegung durch die Neugestaltung der Strafrahmen. Diese sind „unter Wegfall lästiger Höchstgrenzen . . . so weit gefaßt, daß sie dem Richter jeden möglichen Spielraum . . . lassen" (E-Begr. S. 3).

[3]) Schaffstein, Politische Strafrechtswissenschaft S. 20.

zahlreichen richtunggebenden Erklärungen der Führer der Bewegung in Wort und Schrift, deren Inhalt Gemeingut des deutschen Volkes geworden ist . . ."

D

Die normativen Tatbestandsmerkmale als Stützen der Vorsatztheorie und der Lehre vom Tatbestand als „ratio essendi" der Rechtswidrigkeit

Blieb die Perversion, die von den nationalsozialistischen Strafrechtsideologen mit den Gedanken Grünhuts, Mezgers und Wolfs über die Subjektivität und die Tatbestandsgefährdung bei den normativen Tatbestandsmerkmalen getrieben wurde, nur Episode, so war diesen Gedanken doch auch außerhalb des nationalsozialistischen Strafrechts eine nachhaltige und noch heute aktuelle Wirkung beschieden.

Die Gleichsetzung von „normativ" und „subjektiv" (im Sinne eines ergänzenden Werturteils durch den Richter) durfte man, bis im Jahre 1954 Engisch in seinem Aufsatz in der Mezger-Festschrift ihr kritisch zu Leibe rückte, getrost als überwiegende Lehre bezeichnen[1]). Die Subjektivität, die Ermessensausübung durch den Richter, bei der Anwendung der normativen Tatbestandsmerkmale wurde achselzuckend für alle diese Merkmale als das für sie und nur für sie — leider — Charakteristische bezeichnet, und damit begnügte man sich.

Bedeutsamer wurden die Betonung der Wertbezogenheit der Tatbestände, der in den normativen Tatbestandsmerkmalen erscheinenden Verflechtung von Normativem und Faktischem, und die mit dieser Entdeckung verbundene Affrontstellung gegen Belings „wertfreien" Tatbestand. Die Entdeckung der Wertbezogenheit vieler Tatbestandsmerkmale führte nämlich — auf Grund eines Fehlschlusses, wie sich alsbald zeigen wird, — dazu, daß die normativen Tatbestandsmerkmale neuestens zur Bestätigung, ja geradezu zum Beweise der Lehre vom Tatbestand als Unrechtsvertypung, als vertypter Rechtswidrigkeit oder als „ratio essendi" der Rechtswidrigkeit herangezogen wurden, und weiter zur Bestätigung der Konsequenzen, die sich aus dieser Lehre ergeben, wenn man mit ihr Ernst macht: der begrifflichen Ununterscheidbarkeit von Tatbestandsmäßigkeit und Rechtswidrigkeit, damit[2]) der Identität von Tatbestands- und Verbotsirrtum oder wenigstens der Lehre von den negativen Tatbestandsmerkmalen[3]).

---

[1]) Eichmann, S. 12; Frank, 18. Aufl., S. 5; v. Liszt-Schmidt, 26. Aufl., S. 182f.; Dahm, Richtermacht, S. 15f.; v. Gemmingen, Probleme der Strafrechtsanwendung, S. 47 ff.; Krüger, Z. 54, S. 638f.; H.-J. Bruns, Die Befreiung des Strafrechts, S. 317f.; v. Weber, Grundriß, 2. Aufl., S. 89; H. Mayer, S. 108; Schönke, 7. Aufl., S. 16f.

[2]) vgl. Schröder, Z. 65, S. 193.

[3]) vgl. die Diss. von H. J. Hirsch.

Damit ist die Lehre von den normativen Tatbestandsmerkmalen in einige der Nervenzentren der Strafrechtsdogmatik der letzten Jahre vorgestoßen: in die Fragenkreise der Vorsatz- und Schuldtheorie und der Tatbestandslehre.

I. Normative Tatbestandsmerkmale und „wertfreier Tatbestand".

1. Beling hatte in seiner grundlegenden „Lehre vom Verbrechen" (1906) den Tatbestand, „den positiv-rechtlich fest formulierten Verbrechenstyp"[1]) als selbständiges, dem Rechtswidrigkeitsurteil logisch vorgelagertes Konstituens des Verbrechens herausgearbeitet und betont, daß er „rein von allen Rechtswidrigkeitsmomenten" sei: „Im Tatbestand liegt kein Werturteil."[2]) „Man mag noch soviel ‚getötet', ‚gemißhandelt', ‚fremde Sachen beschädigt' haben usf." — über die Rechtswidrigkeit ist damit nichts ausgesagt: „Trotz Vorliegens des Tatbestandes kann immer noch die Rechtswidrigkeit ausgeschlossen sein"[3]), denn Tatbestandsmäßigkeit und Rechtswidrigkeit verhalten sich zueinander wie zwei sich schneidende Kreise: ebensowenig wie alles Rechtswidrige tatbestandsmäßig ist, ist alles Tatbestandsmäßige rechtswidrig[4]).

Noch schärfer führte er seine Auffassung vom Tatbestand in der „Lehre vom Tatbestand" (1930) aus, in der er die Tatbestände als rein „regulative Leitbilder", den besonderen Teil des StGB als ein „Bilderbuch" erklärte, „in dem die ‚Tötung eines Menschen', ‚Wegnahme einer fremden beweglichen Sache' usw. schematisch-‚stilisiert' dargestellt sind"[5]). Die einzelnen Bilder aber sind „gerade an der Artung des Verhaltens, also an einem jenseits der Aufteilung in ‚rechtswidrig' oder ‚nicht rechtswidrig' liegenden Moment orientiert", und alles „leitbildmäßige" Verhalten fällt erst „je nach den Umständen in den Umkreis des Unrechts oder des Nichtunrechts hinein". So sondern sich notwendig die Tatbestandsmäßigkeit und die Rechtswidrigkeit[6]).

2. Gegen Belings „getrennte Buchführung" über Tatbestandsmäßigkeit und Rechtswidrigkeit, wie Max Ernst Mayer plastisch sagte, wandte sich zunächst Hegler[7]). Er nahm seinen Ausgangspunkt von Belings „positiv-rechtlich formaler" Auffassung vom Wesen der Rechtswidrigkeit als „reiner Negative", als bloß formalem Widerspruch zu den Geboten und Verboten des Rechts, den Normen im Sinne Bindings. Die Normentheorie sei einmal nicht in der Lage, die Normen,

---

[1]) S. 23.
[2]) S. 145, 147.
[3]) S. 112, 157.
[4]) S. 144 ff., 146.
[5]) Lehre vom Tatbestand, S. 7.
[6]) a. a. O., S. 9.
[7]) Z 36/19 ff., 184 ff.

deren Verletzung rein formal die Rechtswidrigkeit begründen solle, im einzelnen zu formulieren, sondern führe „ins Ungewisse und Unbestimmte" (was schon Beling[1]) an ihr kritisiert hatte). Zum anderen scheitere die Normentheorie am sogenannten „Adressatenproblem", an der Frage, an welche Adresse sich die Normen richten, ob nur an taugliche oder auch an untaugliche (handlungs-, zurechnungsunfähige) Befehlsempfänger. Da er wegen der „seltsamen Folgerung, daß Gebote, Verbote, an den ergehen, der außerstande ist, sie zu befolgen"[2]), die letztere Frage auf jeden Fall verneint wissen will, so folgert er: „. . . so ist es wohl (vom Boden der Normentheorie aus) nicht möglich, eine Scheidung aufrechtzuerhalten zwischen der sachlichen Bedeutung der Tat . . . und der auf die Person des Täters abstellenden Frage der Schuld . . ." Denn da die Norm sich nur an den tauglichen Befehlsempfänger wende, könne auch nur dieser sie übertreten, so daß jede Normübertretung notwendig eine schuldhafte sein müsse[3]). — So sucht er der Frage nach dem Wesen der Rechtswidrigkeit „materiell" näher zu kommen: „Nun können wir wohl jedenfalls sagen: wenn der Staat an ein bestimmtes äußeres Verhalten durch Rechtssatz öffentliche Strafe, Staatsstrafe knüpft, so muß es sich nach seiner Ansicht hier offenbar um ein Verhalten handeln, das eine Verletzung öffentlicher, staatlicher Interessen, ein gesellschaftsschädliches Handeln in diesem Sinne darstellt."[4])

Die Funktion der Tatbestände besteht nun nach Hegler darin, im einzelnen anzugeben, „welches Verhalten als die Interessen der im Staat organisierten Gesellschaft verletzend erscheint . . . Das Unterfallen unter eine Deliktsbeschreibung ist Kennzeichen der Gesellschaftsschädlichkeit eines Verhaltens, und diese (oder die nach der herrschenden Auffassung ihre Stelle vertretende ‚Rechtswidrigkeit') kann daher nicht neben die sogenannte ‚Tatbestandsmäßigkeit' auf gleiche Linie gestellt werden, so wenig wie ein Krankheitssymptom neben die Krankheit"[5]).

Im Anschluß an Hegler bestimmten Sauer[6]), Mezger[7]), Grünhut[8]), Hermann Bruns[9]), Dahm[10]), Zimmerl[11]), Thierfelder[12]), neuerdings

---

[1]) Lehre vom Verbrechen, S. 118 ff.
[2]) S. 27, Anm. 25.
[3]) S. 27.
[4]) S. 27 ff.
[5]) S. 35.
[6]) Grundlagen, S. 307 ff.; Allgemeine Strafrechtslehre, 3. Aufl., S. 63 (Tatbestand = „Erscheinungsform des Unrechts").
[7]) Lehrbuch, 2. Aufl., S. 182 ff.; Traeger-Festschr., S. 190 f.; Festgabe für Maurovič, S. 293 ff.
[8]) Z 52/147; Frank-Festgabe I, S. 5.
[9]) Kritik der Lehre vom Tatbestand, S. 37 ff.
[10]) Verbrechen und Tatbestand. In: Grundfragen der neuen Rechtswissenschaft, S. 62 ff.; Z. 57/273.
[11]) Lehre v. TB, S. 7; Aufbau, S. 55 ff. u. 64.
[12]) Normativ und Wert, S. 63 f.

v. Weber[1]), Lang-Hinrichsen[2]), Schröder[3]), Arthur Kaufmann[4]) u. a. den Tatbestand als „Ausdruck speziellen, typisierten Unrechts", „vertypte Rechtswidrigkeit", „Träger des Rechtswidrigkeitsurteils", „Instrument der Unrechtsbewertung", „ratio essendi" oder „Realgrund" der Rechtswidrigkeit, und zwar mit der Begründung, vermittels der Aufstellung eines Tatbestandes spreche der Gesetzgeber sein Unwerturteil über die in dem Tatbestand beschriebene Handlung aus. Der Tatbestand sei also gleichzeitig Wertung und Objekt dieser in ihm erscheinenden Wertung[5]).

Mit dem Satz, die Tatbestände als solche enthielten schon das Unwerturteil über die in ihnen beschriebenen Handlungen, wird aber nur dort wirklich Ernst gemacht, wo eine mögliche Diskrepanz zwischen Tatbestandsmäßigkeit und Rechtswidrigkeit, die Möglichkeit einer zwar tatbestandsmäßigen, aber nicht rechtswidrigen Handlung, völlig geleugnet und vielmehr behauptet wird, Tatbestandsmäßigkeit und Rechtswidrigkeit seien identisch, es gebe nur rechtswidrige Tatbestandserfüllungen, andererseits sei aber jede Tatbestandserfüllung auch rechtswidrig, — eine Meinung, die heute von den Anhängern der Lehre vom Tatbestand als Unrechtstypisierung überwiegend vertreten wird, und zwar dogmatisch zwingend bedingt durch die Konstruktion, die Merkmale der Rechtfertigungsgründe seien negative Tatbestandselemente, so daß bei ihrem Vorliegen schon die Tatbestandsmäßigkeit entfiele[6]).

Dagegen blieben Hegler[7]) und Mezger[8]) auf halbem Wege stehen, wenn sie erklärten, es handele nur rechtswidrig, wer tatbestandsmäßig handele, ohne daß ein Rechtfertigungsgrund vorliege. „Trifft Letzteres zu, so ist die Handlung trotz ihrer Tatbestandsmäßigkeit nicht rechtswidrig"[9]). Diese Ansicht begründete Mezger damit, daß der Tatbestand nur ein „vorläufiges" Unrechtsurteil, die ihm unterfallende Handlung nur „bis auf weiteres" rechtswidrig sei[10]).

3. Diese Vorbemerkungen waren notwendig, um den Punkt aufzuzeigen, von dem aus nun neuestens die normativen Tatbestandsmerkmale in die Diskussion eingeführt wurden. Mit ihrer Hilfe wird von Arthur Kaufmann, Lang-Hinrichsen und Schröder jetzt der Beweis für die Richtigkeit der Lehre vom Tatbestand als typisierter Rechts-

---

1) Mezger-Festschr., S. 183 ff.
2) JR 52/184 ff.; 302 ff.; 356 ff.
3) Z 65/185 ff. (193).
4) Unrechtsbewußtsein, S. 164 ff.; JZ 54/656.
5) Mezger , NJW 53/5.
6) besonders deutlich Arthur Kaufmann, JZ 54/653 ff.; Sauer, 3. Aufl., S. 63; v. Weber, Mezger-Festschr., S. 183 ff. Hierzu eingehend Hirsch, L. v. d. n. T.
7) a. a. O., S. 36.
8) Strafrecht, 2. Aufl., S. 182; Deutsches Strafrecht 1936, S. 48.
9) Mezger, a. a. O.
10) Traeger-Festschr., S. 191/195.

widrigkeit geführt, und zwar mit einer Argumentation, die, schematisch ausgedrückt, folgendermaßen lautet: Die Tatbestände enthalten normative Tatbestandsmerkmale, also ist der Tatbestand wertbezogen; also ist er nicht, wie Beling behauptete, „wertfrei"; also enthält er die Rechtswidrigkeitswertung; also sind Tatbestandsmäßigkeit und Rechtswidrigkeit untrennbar miteinander verschlungen. Oder noch deutlicher: Da gerade die normativen Tatbestandsmerkmale wertbezogen sind, sind sie es, die die Rechtswidrigkeitswertung zum Ausdruck bringen.

So zeigt sich nach Schröder die Identität von Tatbestandsmäßigkeit und Rechtswidrigkeit und die Unmöglichkeit, den Tatbestand wertfrei zu betrachten, „besonders deutlich darin, daß die Unrechtsbewertung nichts säuberlich Geschiedenes ist, . . . sondern daß sie in den Tatbestand ausstrahlt und durch die Schaffung normativer Eigenschaften des Tatsubjekts, des Tatobjekts und der Handlung selbst nicht nur das Sein der Handlung, sondern bereits dort ihren Wert bestimmt"[1]).

So erklärt Lang-Hinrichsen[2]), die in den normativen Tatbestandsmerkmalen enthaltene „Einzelwertung" sei identisch mit der „Gesamtwertung" des Verhaltens als rechtswidrig und bringe daher schon die Rechtswidrigkeit des gesamten Verhaltens zum Ausdruck[3]). So zeigten gerade die normativen Tatbestandsmerkmale die unlösbare „Verschlingung von Tatbestand und Rechtswidrigkeit". Lang-Hinrichsen knüpft hierbei ausdrücklich an Erik Wolfs Lehre von der Normativität aller Tatbestandsmerkmale und an Wolfs Formulierung an, die Funktion der normativen Tatbestandsmerkmale im engeren Sinne bestehe darin, „den Lebensraum strafrechtlicher Normen abzugrenzen".

Arthur Kaufmann, der[4]) die Aufgabe des Tatbestandes darin erblickt, das vom Gesetzgeber „als strafwürdiges Unrecht, genauer: als antisoziale Handlung bewertete menschliche Verhalten . . . zu beschreiben" und gleichzeitig zu „vertypen", führt unter der bezeichnenden Kapitelüberschrift „Die normativen Tatbestandsmerkmale als Unrechtstypisierung"[5]) aus, die deskriptiven Merkmale beschrieben ein menschliches Verhalten nur „rein naturalistisch als einen tatsächlichen Vorgang", dagegen seien es die normativen Tatbestandsmerkmale, in denen „die antisoziale Bedeutung des Verbrechens zum Ausdruck" komme und in denen „die Bedeutung der Tat als einer Verletzung oder Gefährdung eines Rechtsguts erkenntlich" werde[6]).

So sei die Sozialschädlichkeit der Unzuchtsdelikte ausgesprochen in dem Merkmal „unzüchtig", die des Diebstahls in dem Merkmal „fremd",

---

[1]) Z 65, S. 185.
[2]) JZ 53/362 ff. (366 f.).
[3]) anders ausdrücklich Mezger NJW 53/5.
[4]) Unrechtsbewußtsein, S. 164, 168.
[5]) a. a. O., S. 168 ff.
[6]) vgl. JZ 54/654 links.

die der Urkundenfälschung in dem Merkmal „Urkunde", usw. Die Frage, wie der Gesetzgeber die Typisierung des strafwürdigen „materiellen Unrechts" in den Tatbeständen zuwege bringt, die keine normativen Elemente enthalten, bleibt unbeantwortet. Kaufmann bemerkt lediglich[1]), „daß auch deskriptive Tatbestandselemente teilweise (?) normativen Charakter haben".

II. Kenntnis der normativen Tatbestandsmerkmale und Unrechtsbewußtsein.

So ist es bis zur nächsten Folgerung nur ein Schritt:

Sind gerade die normativen Tatbestandsmerkmale die „Träger der Unrechtsbewertung", so muß ihre Erkenntnis (sei es auch im Wege der „Parallelwertung") identisch mit dem Unrechtsbewußtsein sein. Und damit fällt den normativen Tatbestandsmerkmalen die Aufgabe zu, vom Tatbestandsvorsatz zur Unrechtserkenntnis „die Brücke zu schlagen"[2]) und die Vorsatztheorie dogmatisch zu untermauern. Denn, so kann Lang-Hinrichsen[3]) von dieser Basis aus sagen: „Das Wissen um das Tatbestandsmäßige hängt also von dem Wissen um das Rechtswidrige ab", „der Tatbestandsvorsatz (ist) vom Unrechtsbewußtsein getragen". Oder, noch schärfer, Arthur Kaufmann[4]): „Wer weiß, daß die weggenommene Sache eine ‚fremde' ist, das getötete Wesen ein ‚Mensch', die beschworene Tatsache ‚unwahr', das geschlechtliche Treiben ‚unzüchtig', daß der gefälschte Gegenstand eine ‚rechtserhebliche Urkunde' ist, der kennt auch die Richtung seiner Tat gegen ein schutzwertes Rechtsgut, der hat das Bewußtsein der Sozialschädlichkeit seines Verhaltens". Ähnlich identifiziert Sauer[5]) die Kenntnis des normativen Merkmals „Urkunde" mit der Kenntnis der „Unerlaubtheit", „Unrechtmäßigkeit" der Urkundenfälschung.

Dabei muß betont werden, daß zwischen Kaufmanns „Bewußtsein der Sozialschädlichkeit", des „materiellen Unrechts", und dem, was sonst in Lehre und Rechtsprechung unter dem Unrechtsbewußtsein verstanden wird, ein sachlicher Unterschied nicht zu erkennen ist. Denn ebenso wie das „materielle Unrecht" ohne Bezugnahme auf die Frage, ob es der Gesetzgeber als solches werte, für die Strafrechtsdogmatik gänzlich uninteressant ist, weil es eben nur dann Relevanz erhält, wenn es mit der Rechtsordnung (formell) in Widerspruch steht, — ebensowenig ist auch, selbst nach Kaufmann, die Kenntnis der Sozialschädlichkeit einer Handlung von der Kenntnis ihres Verbotenseins zu trennen: „Wenn nämlich der Täter seine Tat in jener Bedeutung erkannt hat, in welcher der Gesetzgeber den rechtswidrigen und antisozialen Charakter erblickte,

---

[1]) a. a. O., S. 168.
[2]) Engisch, Mezger-Festschrift, S. 127.
[3]) JR 52/303.
[4]) a. a. O., S. 169f.
[5]) Mezger-Festschrift, Note 1) zu S. 119.

dann wußte der Delinquent auch um seine Verpflichtung, so nicht handeln zu sollen“[1]). „Der Täter muß das rechtliche Pflichtgebot gekannt haben, um schuldhaft zu handeln“[2]).

Und wenn Kaufmann von dem Überzeugungstäter, der seine Handlung in Kenntnis des Rechtsverbotes gerade für sozial-nützlich hält, erklärt, er handele mit dem Bewußtsein der Sozialschädlichkeit, weil er wisse, „daß seine Tat vom Standpunkt der Gesellschaftsordnung und des geltenden Rechts als gemeinschaftswidrig“ angesehen werde[3]), wenn er weiter[4]) erklärt, formelles und materielles Unrecht = Sozialschädlichkeit deckten sich grundsätzlich und fielen nur ganz ausnahmsweise auseinander, — so wird vollends klar, daß seine Lehre im Grunde nur besagt, „daß eine Kenntnis des ‚Unrechts‘ nicht nur durch positive Gesetzeskenntnis gewonnen werden kann, sondern auch — und zwar in den meisten Fällen — dadurch, daß der einzelne bei der Betrachtung eines Sachverhalts die Erkenntnis gewinnt, eine Handlung sei ‚sozialschädlich‘ oder ‚sozialnützlich‘, und dann hieraus den Schluß zieht, das Recht werde sie wohl verboten oder geboten haben“[5]), daß also, kurz gesagt, das Bewußtsein der Sozialschädlichkeit und die Verbotskenntnis zusammenfallen.

Dagegen ist Arthur Kaufmanns „Bewußtsein der (formellen) Rechtswidrigkeit“ sachlich nichts anderes als das Bewußtsein der Strafbarkeit, sein (stets unbeachtlicher) „Verbotsirrtum“ nichts als ein Irrtum über die Strafbarkeit. Das wird deutlich, wenn er[6]) als „Verbotsirrtum“ die Annahme des seinen Vater bestehlenden Sohnes bezeichnet, der Deszendentendiebstahl sei ebenso wie der Aszendentendiebstahl straflos. Arthur Kaufmanns Lehre, nach der das Bewußtsein der Sozialschädlichkeit zum Vorsatz gehört, ist somit mit der sog. „Vorsatztheorie“ sachlich völlig identisch.

III. Kritik dieser Lehren. Die Verkennung der Doppeldeutigkeit des Satzes von der „Wertfreiheit“ des Tatbestandes.

Zu den geschilderten Folgerungen aus der Entdeckung der normativen Tatbestandsmerkmale kam es auf folgende Weise:

Neben Belings Begriff des „wertfreien Tatbestandes“ im Sinne seiner Reinheit von der Rechtswidrigkeitsbewertung hatte im Anschluß an die insoweit nicht ganz klaren Ausführungen Belings, „im Tatbestand liege kein Werturteil“, vor allem M. E. Mayer einen zweiten Begriff des „wertfreien Tatbestandes“ gestellt: den Begriff des Tatbestandes als

---

[1]) a. a. O., S. 140.
[2]) a. a. O., S. 142.
[3]) a. a. O., S. 147.
[4]) a. a. O., S 127
[5]) Armin Kaufmann, Normentheorie, S 191; vgl auch Maurach AT, S. 264; Hartung, NJW 53/494
[6]) Arthur Kaufmann, a. a. O., S. 175

einer Summe von „Merkmalen, deren Verwirklichung in der Außenwelt vor sich geht, also sinnlich wahrnehmbar ist“[1]), eines Tatbestandes also, der lediglich ein „objektives“, äußerliches, sinnlich wahrnehmbares Geschehen beschreibt. Ein solcher Begriff des „wertfreien Tatbestandes“ stellte sich allerdings mit der Entdeckung der normativen Tatbestandsmerkmale (als Tatbestands-, nicht Rechtswidrigkeitsmerkmale[2]) als falsch heraus, und Beling hat in seiner „Lehre vom Tatbestand“ (1930) nicht gezögert, dies zuzugeben und vor einem solchen Verständnis der „Wertfreiheit“ des Tatbestandes zu warnen:

„Scheinbar vertragen sich solche (normativen) Tatbestandsmerkmale nicht mit der Feststellung, daß der Tatbestand ‚rein beschreibend‘ ist. Aber mit letzterer Feststellung ist nur gesagt, daß ein menschliches Verhalten durch den Tatbestand nur seiner Eigenart nach charakterisiert, nicht schon als rechtswidrig normiert ist. Zur Charakterisierung eines Verhaltens kann aber der Gesetzgeber alles Mögliche aufgreifen: das körperliche Verhalten selbst, die Lebenslage, aus der es hervorgewachsen ist, diejenige, in die es hineinfällt, und diejenige, die es herbeiführt. Deshalb kann ihm auch niemand verwehren, rechtliche Beziehungen des Verhaltens zur Typenbildung zu benutzen (‚fremde‘ Sache, StGB § 242, ‚eigene‘ Sache, § 289, ‚rechtmäßige‘ Amtsausübung, § 113 usw.). Solange ihm diese nur dazu dienen, das gemeinte Verhalten im Sinne der betreffenden Deliktart zu umgrenzen, behalten sie ihre ‚beschreibende‘ Funktion und greifen der Frage nach solchen jenseits ihres Spezialcharakters liegenden Umständen nicht vor, von denen es erst abhängt, ob das so beschreibende Verhalten als rechtswidrig normiert ist“[3]).

Angesichts dieser Ausführungen erhellt, daß alle Angriffe gegen die Belingsche „Wertfreiheit“ des Tatbestandes, die sich auf das Argument der Existenz normativer Merkmale stützen, seit Belings „Lehre vom Tatbestand“ völlig ins Leere gehen. Die Entdeckung der Wertbezogenheit der normativen Tatbestandsmerkmale hatte eben nur den zweiten Begriff der Wertfreiheit als falsch herausgestellt. Der Begriff des „wertfreien Tatbestandes“ im Sinne seiner logischen Selbständigkeit gegenüber der Rechtswidrigkeit wäre nur zu widerlegen, wenn die Lehre vom Tatbestand als typisierter Rechtswidrigkeit richtig wäre.

Jedoch ist jedenfalls jeder Versuch, diese Lehre mit Hilfe der normativen Tatbestandsmerkmale zu begründen, verfehlt:

Denn selbst wenn man unterstellt, daß der Tatbestand seinem Wesen nach typisierte Rechtswidrigkeit ist, dann kann dies jedenfalls nur der Tatbestand in seiner Gesamtheit sein. Als strafwürdig bewertet der Gesetzgeber doch offenbar nicht eine „unzüchtige“ Handlung, sondern

---

[1]) AT S. 7, 182

[2]) als die Beling sie angesehen hatte; vgl L. v. V. S. 156, wo er §§ 242, 246, 289, 292 StGB als Verbrechenstypen bezeichnet, „die ein einzelnes Element der Rechtswidrigkeit („fremd“, „eigen“) in sich bergen.“

[3]) L. v. TB. S. 10; vgl. auch Grundzüge, 11. Aufl., S. 30f.

eine „unzüchtige Handlung mit Personen unter 14 Jahren", „Unzucht unter Männern" usw., so daß das eine Merkmal nicht weniger der Typisierung dient als das andere.

Ebensowenig kann man sagen, daß sich in Merkmalen wie „fremd" oder „Urkunde" die Rechtswidrigkeitsbewertung allein oder vorwiegend ausdrücke, denn eine „fremde" Sache ist dem das Unrecht typisierenden Gesetzgeber für sich genommen genau so uninteressant wie eine „Sache" schlechthin, weil er eben die Strafwürdigkeit an die „Wegnahme einer fremden beweglichen Sache" knüpft[1]). Daß nur der Zusammenklang aller Merkmale eines Tatbestandes die „Unrechtstypisierung" sein könnte, erhellt am besten daraus, daß ein einzelnes Merkmal für sich betrachtet mit der Unrechtsbewertung gar nicht in Beziehung gebracht werden kann. Denn außerhalb eines Tatbestandes wie § 242, § 303 StGB, § 267 StGB hat eine „fremde" Sache, eine „Urkunde" jedenfalls nichts an sich, was auf einen Widerspruch mit der Rechtsordnung oder auf Sozialschädlichkeit hindeuten könnte. Und wenn Lang-Hinrichsen meint, sowohl beim Richter wie auch beim Täter seien die „Einzelwertung", die ein normatives Tatbestandsmerkmal erfordere, und die „Gesamtwertung" der Tat identisch, so muß ihm — selbst wenn man die richterlichen Akte und die Akte im Täterbewußtsein, vermittels derer das Vorliegen eines normativen Tatbestandsmerkmals oder aber das Vorliegen der Rechtswidrigkeit festgestellt wird, unterschiedlos als „Werten" bezeichnet — entgegengehalten werden, daß es ganz verschiedene Maßstäbe sind, nach denen die „Einzelwertung" und die „Gesamtwertung" erfolgen: Ist im letzteren Fall Maßstab die Rechtsordnung als ganze („widerspricht oder entspricht die ganze konkrete Handlung unter Berücksichtigung der Gewährungen des Rechts und seiner Verbote und Gebote der Rechtsordnung" ?), so sind die Maßstäbe im ersteren Fall so zahlreich und so unterschiedlich wie die mannigfaltigen einzelnen Gebiete der Kultur: für die Frage, ob eine Handlung „unzüchtig", „schamverletzend" ist, ist es die Anschauung der Gemeinschaft von Anstand und geschlechtlicher Sittlichkeit, für die Frage, ob eine Sache „fremd" ist, das BGB usf.

Das übersieht auch Schröder in seinem Beispiel in MDR 1951/388, mit dem er die Ununterscheidbarkeit von Tatbestandsmäßigkeit und Rechtswidrigkeit, Vorsatz und Unrechtsbewußtsein anhand des Merkmals „unter Verletzung fremden Jagdrechts" in § 292 StGB nachzuweisen sucht. Das Bewußtsein, mit der Erlegung eines jagdbaren Tieres fremdes Jagdrecht zu verletzen, ist nach Schröder mit dem Bewußtsein, kein eigenes Recht hierzu zu haben, identisch, und ebenso könne die irrtümliche Annahme, fremdes Jagdrecht nicht zu verletzen, sowohl

[1]) Treffend v. Weber, Wiss. Vierteljahresschrift zur Prager Juristischen Zeitschrift, 1927 II/Sp. 59: „. . . die Eigenschaft einer Sache als fremde (ist) das Ergebnis einer rechtlichen Wertung, die mit der rechtlichen Mißbilligung der Diebstahlshandlung als solcher nichts zu tun hat".

als Irrtum über das Tatbestandsmerkmal „Verletzung fremden Jagdrechts" wie auch als Irrtum über einen Rechtfertigungsgrund angesehen werden. Hierzu ist zu sagen, daß das genannte Merkmal nur der sachlichen Charakterisierung des Handlungsobjektes dient und dieselbe Natur hat wie das Merkmal der „Fremdheit" in § 242 StGB: Wild „unter Verletzung fremden Jagdrechts" erlegen bedeutet soviel wie: „fremdem Jagd- (Aneignungs-)recht unterliegendes Wild erlegen". Und genau so wenig, wie mit der Feststellung der Fremdheit der Sache in § 242 StGB, ist mit der Feststellung der „Verletzung fremden Jagdrechts" in § 292 StGB etwas über die Rechtswidrigkeit ausgesagt. Der Förster, der, außerhalb seines Jagdreviers von einer Wildsau angegriffen, diese durch einen Schuß zu Boden streckt, erlegt fremdem Jagdrecht unterliegendes Wild und weiß das auch. Dennoch handelt er analog § 228 BGB nicht rechtswidrig. Trotz seines Bewußtseins, fremdes Jagdrecht zu verletzen, hat er auch sicherlich ebensowenig das Bewußtsein, Unrecht zu tun, als wenn er den ihn angreifenden tollwütigen Hund seines Nachbarn niederschießen würde.

Die Argumentationen zugunsten der Lehre vom Tatbestand als typisierter Rechtswidrigkeit und zugunsten der Vorsatztheorie, die sich auf die normativen Tatbestandsmerkmale stützten, bezogen ihre scheinbare Beweiskraft daher, daß sie die Doppeldeutigkeit der von ihnen angegriffenen „Wertfreiheit" des Tatbestandes verschleierten und mit der Überwindung der Wertfreiheit des Tatbestandes im zweiten Sinne (s. o. S. 59 f.) auch die Überwindung seiner „Wertfreiheit" im Sinne der Freiheit von der Rechtswidrigkeitswertung vollzogen zu haben glaubten. Ist diese Doppeldeutigkeit aber einmal aufgeklärt, so fällt das ganze auf der Überwindung der Wertfreiheit des Tatbestandes durch die Entdeckung der normativen Tatbestandsmerkmale errichtete Gebäude wie ein Kartenhaus in sich zusammen[1]).

Zu der Doppeldeutigkeit der „Wertfreiheit" hatte es nur kommen können, weil die Doppeldeutigkeit übersehen worden war, die der Begriff des „normativen Tatbestandsmerkmals" angenommen hatte: Wenn M. E. Mayer die normativen Merkmale als Synonyma für das Wort „rechtswidrig" im Tatbestand ansah und (vom Standpunkt des Gesetzgebers aus betrachtet) „normativ" verstanden hatte als „wertend am Maßstab der Sozialschädlichkeit", d. h. „wertend als rechtswidrig", so gaben Grünhut und Mezger dem Begriff des „Normativen" einen völlig anderen Sinn. „Normativ" sind die von ihnen so genannten Merkmale deshalb, weil der Richter durch sie ermächtigt wird, ein ergänzendes Werturteil zu fällen, ein Werturteil, für das — im Gegensatz zu Mayers einzigem Maßstab der Sozialschädlichkeit — zahlreiche Wertmaß-

---

[1]) vgl. zu der Doppeldeutigkeit der „Wertfreiheit" des Tatbestandes Class, Grenzen des Tatbestandes, S. 168 ff. (173), und neuerdings Welzel, JZ 1953/120, Anm. 4a.

stäbe in Betracht kommen: — ethische, ästhetische, rechtliche, wirtschaftliche usf. —, und das andererseits die im Tatbestand als ganzen enthaltene Unrechtsbewertung (Mezger) nur ergänzend unterstützt, mit ihr aber durchaus nicht identisch ist[1]).

Auf einen weiteren fundamentalen Unterschied zwischen Mayers und Mezgers Verständnis der Normativität der normativen Merkmale hat Class[2]) hingewiesen: „Die Struktur der Gesetzeselemente" wird bei Mezger nicht, wie bei Mayer, „daraufhin betrachtet, was sich aus ihr für die Ermittlung der Unrechtserkenntnis ergibt, die Untersuchung wird vielmehr allein darauf abgestellt, von welchen Kriterien die Herausarbeitung ihres ‚Wahrheitswertes' abhängig ist, d. h. nach welchen Prinzipien die Ermittlung des ihnen überhaupt innewohnenden Sinnes... erfolgen kann. Die Stellung des Richters zum Gesetz ist der entscheidende Zentralpunkt, von dem aus die Problematik des möglichen ‚Wahrheitsgehaltes' von Gesetzesmerkmalen aufgerollt wird . . .".

In Wahrheit haben also die normativen Tatbestandsmerkmale M. E. Mayers mit denen der späteren Autoren (seit Mezger und Grünhut) nichts gemein als den Namen. Gerade der gemeinsame Name aber führte dazu, daß ihre Wesensunterschiede übersehen wurden und daß man den aus gänzlich anderen Gesichtspunkten heraus von Grünhut und Mezger u. a. „normativ" genannten Merkmalen die gleiche Funktion zuwies wie Mayer (von seinem Standpunkte aus) seinen normativen Merkmalen, die Funktion nämlich, die Rechtswidrigkeitsbewertung auszusprechen. Die Doppeldeutigkeit des Begriffs der „Wertfreiheit" ist so nur das Spiegelbild der Doppeldeutigkeit des Begriffs des Normativen.

E

Normative Tatbestandsmerkmale als sog. „spezielle Rechtswidrigkeitsmomente" und ihre Exemtion vom Vorsatzerfordernis

Welzel[3]) und Armin Kaufmann[4]) haben eine Anzahl von Merkmalen, die bis dahin als normative Tatbestandsmerkmale par excellence angesehen worden waren, neuerdings als „spezielle Rechtspflichtmerkmale" oder „-momente" aus dem Tatbestand herausgenommen und dem Bereiche der Vorsatzerstreckung entzogen:

I. Welzel.

In seinem Aufsatz in JZ 52/19f. legt Welzel (im Anschluß an R. v. Hippel[5]) dar, daß das Wort „rechtmäßig" in §113 StGB lediglich die

[1]) vgl. Mezger, NJW 53/S. 5.
[2]) Grenzen des Tatbestandes, S. 167 ff. (171f.).
[3]) JZ 52/19, 133, 208; Z 67/224; Lb., 6. Aufl., S. 72.
[4]) Normentheorie, S. 101, 257, 286.
[5]) Lb. (1932), S. 297 Note 5.

Rechtswidrigkeit der Widerstandsleistung betreffe: Nur die Widerstandsleistung gegen eine rechtmäßige Amtshandlung sei rechtswidrig. Rechtmäßigkeit der Amtshandlung und Rechtswidrigkeit des Widerstandes gegen sie seien reziprok, so daß der Tatbestand des § 113 ebensogut lauten könnte: „Wer einem Beamten ... in seiner Amtsausübung widerrechtlich Widerstand leistet ..." Damit sei aber die Widerrechtlichkeit ebensowenig zum Tatbestandsmerkmal erhoben wie in §§ 123, 303 u. a. StGB. „Daraus folgt, daß der Irrtum über die Rechtmäßigkeit der Amtshandlung mit dem Irrtum über die Rechtswidrigkeit der Widerstandsleistung identisch ist und folglich nach den Grundsätzen des Verbotsirrtums behandelt werden muß".

Damit sind die unbefriedigenden Konsequenzen vermieden, die sich ergeben, wenn man, wie bisher, die Rechtmäßigkeit der Amtsausübung entweder als objektive Bedingung der Strafbarkeit oder als Tatbestandsmerkmal auffaßt: im ersten Fall muß auch bei verzeihlichstem Irrtum über die Rechtmäßigkeit der Amtsausübung gestraft werden, im zweiten Fall schließt jeder, auch der unvermeidbare Irrtum über ihre Rechtmäßigkeit den Vorsatz aus, so daß § 113 StGB als wirksamer Schutz für die Tätigkeit der Vollstreckungsbeamten ausscheidet.

Die gleichen Grundsätze wie für § 113 StGB wendet Welzel dann weiter an auf die Widerstandsleistung gegen die „rechtsmäßige" Rechtsausübung in § 117, auf die „Zuständigkeit" einer Behörde zum Erlaß einer Anordnung in der 3. Alternative des § 110 und endlich auf die „Rechtsgültigkeit" einer Verordnung in § 110 StGB. Die Rechtsgültigkeit sei im letzteren Fall nur „ein Element der Rechtspflicht des Täters". Damit taucht bei Welzel zum ersten Male der Begriff auf, der den Merkmalen ihren Namen gegeben hat. „‚Gelten' heißt ‚verpflichten'. Nur gültige Normen verpflichten zum Gehorsam. Ist die Norm ungültig, dann verpflichtet sie nicht, und der Irrtum des Täters, sie sei gültig, kann sie nicht gültig machen".

In dem folgenden Aufsatz (JZ 52/133 ff.) beschäftigt sich Welzel mit dem Merkmal der Zuständigkeit einer Behörde. Mit Schärfe kritisiert er die Rechtsprechung des Reichsgerichts als inkonsequent, die die Zuständigkeit in den §§ 110 und 137 StGB als objektive Strafbarkeitsbedingung, in den §§ 154 und 156 als Tatbestandsmerkmal angesehen und im ersteren Falle also denjenigen, der die Zuständigkeit irrig verneinte, aus § 110, im letzteren Falle den, der sie irrig bejahte, wegen §§ 154/6 in Verbindung mit § 43 StGB bestraft hatte. Welzels Meinung nach kann das Merkmal „Zuständigkeit" bei allen Strafbestimmungen, in denen es auftaucht, dogmatisch nur einheitlich behandelt werden. Unter Hinweis auf die Parallelität zwischen den Merkmalen „Rechtmäßigkeit" in § 113 und „Zuständigkeit" in § 110 StGB 3. Alternative folgert er für das Merkmal der Zuständigkeit allgemein: „Dieselbe Merkmalsnatur (sc.: wie der Rechtmäßigkeit in § 113) kommt der Zuständigkeit zu ... Vom Betroffenen her bedeutet sie die Pflicht, die Maßnahmen der Behörde zu respektieren, also z. B. in § 360 Ziff. 8 die Pflicht, den Namen richtig anzugeben ... Diese Pflicht hatte er (der Täter), wenn die Behörde zur Namensnachfrage befugt (zuständig) war. Der Irrtum darüber ist darum ein Irrtum über die Rechtspflicht, also ein Verbotsirrtum". Auch das Merkmal der Zuständigkeit diene stets der Kennzeichung der Rechtspflicht, nie der Beschreibung der Tatbestandshandlung. Dementsprechend läßt er bei irrtümlicher Verneinung der Zuständigkeit in §§ 153 ff. StGB im Falle der Vermeidbarkeit des Irrtums (volle oder analog § 51 Abs. 2 gemilderte) Vorsatzstrafe und nur bei unvermeidbarem Irrtum Straflosigkeit eintreten, während er bei irrtümlicher Bejahung der Zuständigkeit ein Wahndelikt annimmt — auch im Falle des § 154, wo der Versuch noch mit Strafe bedroht ist.

Die kriminalpolitischen Bedenken gegen die Bestrafung wegen Meineidsversuchs (bzw. — vor Streichung der Absätze 2 der §§ 153 und 156 — wegen des Versuchs der Begehung dieser Delikte) bei irrtümlicher Annahme der Zuständigkeit der Behörde sind mit dieser Konstruktion überwunden.

In dem dritten Aufsatz der Reihe (JZ 52/208f.) führt Welzel aus, auch das Merkmal „Beamter" bei den Amtsdelikten gehöre nicht zum Tatbestand, sondern als spezielles Rechtspflichtmoment zur Rechtswidrigkeit. Nicht die Beamteneigenschaft mache die Tat zu einem Amtsverbrechen, sondern die Verletzung der Amtspflicht.

Im Anschluß hieran rechnete er in der dritten Auflage seines Lehrbuches auch die Amtsstellung als Beamter und ferner die Garantenstellung bei den unechten Unterlassungsdelikten, wie überhaupt alle Verhältnisse, die Sonderpflichten begründen (Stellung als Vormund, Erzieher usw.), als Voraussetzungen der Rechtspflicht zur Rechtswidrigkeit[1]). Während der Irrtum über das Bestehen der Sonderpflicht bei Kenntnis des pflichtbegründenden Lebensverhältnisses Verbotsirrtum sein sollte, wurde nicht recht klar, wie der Irrtum über die Stellung als Beamter, Garant usw. dogmatisch eingeordnet werden sollte. Jedenfalls sollte er die Rechtswidrigkeit ausschließen, da er nach Welzel die Entstehung der Rechtspflicht hinderte[2]).

Die Konsequenz aus dieser Auffassung war, daß der Tatbestand aller echten Sonderdelikte von jedermann verwirklicht werden konnte. Tatbestandsmäßig im Sinne der passiven Bestechung des § 331 StGB wäre also hiernach auch das Annehmen eines Geschenkes durch einen Arbeiter gewesen[3]).

---

[1]) Lb., 3. Aufl., S. 152 ff., 240, 263, 318, 415f., 417f. u. passim.
[2]) a. a. O., S. 416, 417; vgl. Kaufmann, Normentheorie, S. 159, Note 227.
[3]) vgl. Schröder, Z 65/186.

In der fünften Auflage seines Lehrbuches[1]) hat Welzel diese Behandlung der objektiven Tätermerkmale aufgegeben. Die Stellung als Beamter, Garant, Vormund usw. rechnet er jetzt zum Tatbestand, weil ohne diese Momente der Tatbestand keine hinreichende Umschreibung der Verbotsmaterie sei. Der Vorsatz braucht sich nach Welzel aber auf die „täterschaftlichen Merkmale", da sie nicht „Tatumstände" (vgl. § 59 StGB), sondern eben „Täterumstände" sind, nicht zu beziehen. Vielmehr läßt Welzel hier eine inaktuelle Kenntnis des Täters von ihnen genügen, von der er meint, daß sie wohl stets unproblematisch sei. So werde der Beamte die inaktuelle Kenntnis dieser seiner Eigenschaft jedenfalls immer besitzen. Diese „Kenntnis" ist andererseits nach Welzel aber auch stets erforderlich. Der Irrtum über die Tätermerkmale unterfällt daher zwar nicht dem § 59 StGB, schließt aber dennoch den „subjektiven Tatbestand" aus, zu dem bei den Sonderdelikten neben dem Vorsatz noch die Kenntnis der pflichtbegründenden Umstände gehört. Da § 59 unanwendbar ist, kommt auch bei verschuldeter Unkenntnis der pflichtbegründenden Umstände keine Bestrafung aus einem etwaigen Fahrlässigkeitstatbestand über § 59 Abs. 2 StGB in Betracht. Erkennt also der Vater, sei es auch infolge gröbster Unaufmerksamkeit, nicht, daß das im Flusse treibende Kind sein Kind ist, erkennt er also seine Garantenstellung nicht, so kann er nicht über § 59 Abs. 2 wegen fahrlässiger Tötung durch Unterlassung, sondern nur wegen unterlassener Hilfeleistung nach § 330c StGB bestraft werden, wenn er die Rettung des Kindes unterläßt[2]).

Die irrtümliche Annahme eines Tätermerkmals begründet, da sie kein „umgekehrter Vorsatz" ist, keinen untauglichen Versuch, sondern führt zum Wahndelikt. Der Irrtum über die aus der täterschaftlichen Stellung fließenden Rechtspflichten ist stets Verbotsirrtum.

Seit der dritten Auflage seines Lehrbuchs[3]) rechnete Welzel auch das Merkmal „unbefugt" in §§ 132, 132a, 168, 290, 299, 300 u. a. StGB zu den Rechtspflichtmerkmalen. In der sechsten Auflage[3a]) rechnet er es in §§ 107a und 132 als „negatives Tätermerkmal" zum Tatbestand.

II. Der „Amtsbefehl" und das Merkmal „Zuständigkeit".

1. Armin Kaufmann begründet seine mit Welzels Lehre übereinstimmende Auffassung, der Irrtum über die Zuständigkeit einer Behörde sei Verbotsirrtum (der umgekehrte Irrtum dagegen führe zum Wahndelikt), auf folgende Weise[4]):

Wo der Begriff „Zuständigkeit" in einer Strafbestimmung auftauche, sei die maßgebende Norm, an deren Übertretung das Gesetz die Straf-

---

[1]) S. 54, 62, 171 ff., 419.

[2]) Lb., 6. Aufl. S. 184.

[3]) S. 60; zuletzt 5. Auflage, S. 68; vgl. auch JZ 53/762.

[3a]) S. 73; s. u. S. 70 f.

[4]) Normentheorie, S. 98 ff.

folge knüpfe, keine abstrakte „Grundsatznorm" etwa des Inhalts: „Ihr sollt alle Anordnungen, die zuständige Behörden euch geben, befolgen!" (während sonst die Normen solchen abstrakten Charakter haben). Die maßgebliche Norm sei hier vielmehr der konkrete „einzelne Amtsbefehl", die einzelne Anordnung der Behörde, z.B. bei § 153 StGB die Ladung des Zeugen bzw. die Aufforderung des zuständigen Richters oder Beamten an ihn, bei § 110 StGB, 3. Alternative, die bestimmte Anordnung, bei § 360 Ziff. 8 StGB die Aufforderung, die Personalpapiere vorzulegen[1]). „Die Norm existiert erst als gültige Norm durch den Verwaltungsakt"[2]). Im Anschluß an die auf § 110 StGB, 3. Alternative, gemünzte Bemerkung Bindings, das Merkmal der Zuständigkeit bedeute hier „nur das Erfordernis der Rechtsgültigkeit des Amtsbefehls", fährt Kaufmann mit Bezug auf das Merkmal der Zuständigkeit überhaupt fort: „Entsprechend ist die irrtümliche Annahme der Zuständigkeit ein Irrtum über die Gültigkeit des Amtsbefehls, also Normirrtum"[3]).

2. Dieser Argumentation kann nicht gefolgt werden.

a) Die „Anordnung" i.S. des § 110 StGB, 3. Alternative, kann etwa lauten, es sei ein baufälliges Haus abzureißen. Offensichtlich ist aber durch diese Strafbestimmung nicht nur ein Gebot vorausgesetzt, einer solchen Anordnung Folge zu leisten. Wäre diese Anordnung die maßgebende Norm, so wäre es unverständlich, warum das StGB an die öffentliche Aufforderung zum Ungehorsam gegen diese Anordnung Strafe knüpft und nicht an die Nichtbefolgung des Gebots, das Haus abzureißen. Diese Strafbestimmung hat vielmehr nur Sinn, wenn man als maßgebende Norm ein Verbot des Inhalts voraussetzt: „Ihr sollt nicht öffentlich usw. zum Ungehorsam gegen die obrigkeitlichen Anordnungen auffordern!" oder: „Ihr sollt nicht . . . zum Ungehorsam gegen die Anordnungen zuständiger Behörden auffordern!" (Welche der beiden Alternativen zutrifft, wird weiter unten zu erörtern sein).

Es existiert hier also sehr wohl neben dem konkreten Amtsbefehl eine abstrakte Norm, die einen anderen Inhalt hat als der Amtsbefehl als solcher.

b) Im Falle des § 156 StGB liegt — anders als z. B. bei der Aussage des Zeugen oder Sachverständigen in § 153 StGB — eine Aufforderung zur Abgabe einer (richtigen) eidesstattlichen Versicherung und damit ein konkreter Amtsbefehl oft gar nicht vor: — immer dann nämlich, wenn der Versichernde von sich aus bei Stellung eines Antrages zur Bekräftigung behaupteter Tatsachen eine solche Versicherung beibringt. Z. B.: der Sicherungseigentümer einer beim Sicherungsgeber gepfändeten Sache erhebt die Interventionsklage (§ 771 ZPO) und beantragt die einstweilige Einstellung der Zwangsvollstreckung (§§ 771 Abs. 3,

---

[1]) S. 99f.
[2]) S. 100.
[3]) S. 101.

769 ZPO). Zur Glaubhaftmachung seines Eigentums legt er eine Versicherung an Eides Statt vor (§ 294 ZPO). § 294 ZPO spricht hier charakteristischerweise davon, daß, wer eine tatsächliche Behauptung glaubhaft zu machen hat, „zur Versicherung an Eides statt zugelassen werden" kann!

Auch hier also ist ohne die Annahme einer abstrakten Norm des Inhalts: „Ihr sollt keine falschen eidesstattlichen Versicherungen vor einer (zuständigen) Behörde abgeben!" gar nicht auszukommen.

Es fragt sich nun, welchen Inhalt die abstrakten Normen haben , die auch bei den das Merkmal „Zuständigkeit" enthaltenden Strafbestimmungen vorauszusetzen sind, genauer, ob die „Zuständigkeit" zur Normmaterie und damit zum Tatbestand, oder ob sie zur Rechtswidrigkeit gehört.

Ist also als abstrakte Norm für § 110 StGB, 3. Alternative, das Verbot anzunehmen: „Ihr sollt nicht öffentlich . . . zum Ungehorsam gegen die Anordnungen der Behörden auffordern!" — oder soll als verboten anzusehen sein die Aufforderung zum Ungehorsam gegen die Anordnungen der zuständigen Behörden ? Die entsprechende Frage stellt sich für die anderen Strafbestimmungen, die dieses Merkmal enthalten.

Hirsch[1]) hat im Anschluß an Armin Kaufmann[2]) bereits zutreffend darauf hingewiesen, daß es sich bei § 110, 3. Alternative, und ebenso bei den §§ 116 und 137 StGB mit der „Zuständigkeit" genauso verhält wie mit der „Rechtmäßigkeit" der Amtsausübung in § 113: all diese Fälle sind dadurch gekennzeichnet, daß ein „Angriff" der Behörde gegen den Täter vorliegt, gegen den „an sich" Notwehr, Nothilfe, Selbsthilfe gegeben wären. Das Merkmal der Zuständigkeit hat hier nur die Funktion, die Anwendbarkeit der genannten Erlaubnissätze bei Rechtmäßigkeit der Vollstreckungshandlung, Anordnung, Aufforderung auszuschließen, betrifft also nur das normale Zusammenspiel der Rechtfertigungsgründe und damit nur die Frage der Rechtswidrigkeit. Die Übertretung des (zur Pflicht konkretisierten[3]) Verbots oder Gebots ist also grundsätzlich rechtswidrig, weil grundsätzlich der Ausschluß der Erlaubnissätze Platz greift. Nur wenn die Voraussetzungen dieses Ausschlusses (Rechtmäßigkeit der behördlichen Handlung) nicht vorliegen, ist also das normale Eingreifen der Erlaubnissätze wieder möglich, d. h. die Abwehr- oder Verteidigungshandlung ist rechtmäßig, erlaubt.

Die abstrakte Norm wäre daher in diesen Fällen wie folgt zu fassen:

§ 110 StGB, 3. Alternative: „Ihr sollt nicht öffentlich . . . zum Ungehorsam gegen die Anordnungen der Behörden auffordern!"

---

[1]) S. 337f.
[2]) Normentheorie, S. 257.
[3]) s. dazu unten S. 72 ff.

§ 116: „Ihr sollt euch, wenn ihr auf öffentlichen Straßen ... in einer Menge versammelt seid, auf behördliche Aufforderug hin entfernen!"

§ 137: „Ihr sollt gepfändete oder behördlich beschlagnahmte Sachen nicht beiseite schaffen, zerstören usw.!"

Die Zuständigkeit der Behörde betrifft also hier nicht die Normwidrigkeit, sondern die Rechtswidrigkeit.

Eine solche Norm aufzustellen, hat seinen guten Sinn, denn nicht nur erfordert die öffentliche Sicherheit und Ordnung, daß Widerstandshandlungen gegen die staatliche Exekutivtätigkeit überhaupt verboten sind, sondern es spricht auch eine Vermutung für die Rechtmäßigkeit des staatlichen Eingriffs durch Verwaltungs- und Vollstreckungshandlungen und damit für die Rechtswidrigkeit der Abwehr gegen diesen Eingriff. Anders ausgedrückt: das Widerstandleisten, die Aufforderung zum Ungehorsam, der Verstrickungsbruch weisen als gegen das Funktionieren der staatlichen Ordnung gerichtete Handlungen einen selbständigen Unrechtsgehalt auf und bedürfen einer besonderen Erlaubnissituation (eben des Fehlens der Rechtmäßigkeit der Amtshandlung), um im Einzelfall gerechtfertigt zu sein.

Anders liegen die Verhältnisse hingegen bei den §§ 153 ff. StGB. Hier fehlen, wie schon Hirsch[1]) überzeugend ausgeführt hat, die Gründe, die dafür sprechen, das Merkmal „Zuständigkeit" der Rechtfertigungsfrage zuzurechnen: Es handelt sich hier weder um die Abwehr einer obrigkeitlichen Angriffshandlung, da der Täter dem Aussagezwang ja Folge leistet, noch um eine Verteidigungshandlung gegen den Wahrheitszwang, da der Täter lediglich unterläßt, ihn zu befolgen. — Die Andersartigkeit des Merkmals „Zuständigkeit" in den §§ 153 ff. zeigt sich auch bei folgender Erwägung: Während es, wie oben dargelegt wurde, aus Gründen des ordre public und der Vermutung der Rechtmäßigkeit des staatlichen Handelns sehr wohl sinnvoll ist, grundsätzlich jede Abwehr- oder Verteidigungshandlung gegen obrigkeitliche „Angriffe" zu verbieten, müßten einem Gesetzgeber Inkonsequenz und Widersprüchlichkeit vorgeworfen werden, wenn er einerseits durch eine Norm jede falsche (beeidigte oder unbeeidigte) Aussage als Partei, Sachverständiger oder Zeuge oder jede falsche eidesstattliche Versicherung vor allen Gerichten und Behörden verbieten und auf der anderen Seite nur bestimmte und verhältnismäßig wenige Behörden mit der Befugnis ausstatten würde, solche Ausagen usw. überhaupt entgegenzunehmen. Welches Interesse könnte er daran haben, falsche Zeugenaussagen vor anderen als eben den zur Abnahme von Zeugenaussagen „zuständigen" Behörden zu verbieten?

Es muß also angenommen werden, daß nur die falschen Aussagen usw. vor zuständigen Behörden Gegenstand des Verbots sind. Die Auf-

---

[1]) S. 338.

fassung, die die Zuständigkeit in den §§ 153 ff. StGB als Rechtspflichtmerkmal ansieht, entkleidet den Tatbestand seiner Funktion, diesen Gegenstand des Verbots, die Verbotsmaterie, vollständig anzugeben. Durch die Tatbestände der §§ 153 ff. im Sinne dieser Auffassung würde das Verbotene nur teilweise umschrieben, der Tatbestand wäre in Wahrheit funktionslos geworden[1]).

Als Ergebnis bleibt also festzustellen, daß Welzel und Kaufmann darin gefolgt werden muß, daß das Merkmal „zuständig" in den §§ 110, 3. Alt., 116, 137 StGB das normale Zusammenspiel der Rechtfertigungsgründe mit den Tatbeständen und damit die allgemeine Frage nach der Rechtswidrigkeit betrifft (ohne damit allerdings ein spezielles Rechtswidrigkeitsmoment zu sein), — daß aber andererseits an der herrschenden Auffassung festzuhalten ist, die in der Zuständigkeit in den §§153 ff. StGB ein Tatbestandsmerkmal erblickt. Zur Frage des Vorsatzes bezüglich der Zuständigkeit wird weiter unten Stellung genommen werden[2]).

Die Differenzierung, die das Reichsgericht hier vorgenommen hatte[3]) und die Welzel als inkonsequent rügte, war also im Kern nicht unberechtigt. Unrichtig war nur die Meinung, daß es sich bei dem Merkmal in der ersten Deliktsgruppe um eine objektive Strafbarkeitsbedingung handele — eine Meinung, zu der das Reichsgericht notgedrungen kommen mußte, da die moderne Schuldtheorie noch nicht entwickelt war.

III. Das Merkmal „unbefugt"

Ähnlich wie bei der Zuständigkeit liegen die Dinge bei dem Merkmal „unbefugt". Auch hier ist zu unterscheiden zwischen Fällen, in denen das Merkmal „unbefugt" nur ein synonymer Ausdruck für das auch sonst in manchen Strafbestimmungen vorkommende Wort „rechtswidrig" ist (z. B. §§ 123, 239, 303 StGB), ohne daß darum das Unbefugtsein (die Rechtswidrigkeit) zum Tatbestandsmerkmal würde, und andererseits solchen Fällen, in denen gerade durch den Begriff „unbefugt" der Umfang des Verbotenen abgegrenzt werden soll, „unbefugt" also als Tatbestandsmerkmal verwandt ist[4]). Zu der ersten Gruppe gehört z. B. § 300 StGB: Verboten ist die Offenbarung fremder Geheimnisse, und nur, wo ein Erlaubnissatz eingreift, ist eine „Befugnis" hierzu gegeben[5]). Hierher gehören ferner die §§ 168, 290, 299, 353b, c, 378 Ziff. 9—10a StGB.

Anders ist es dagegen z. B. bei §§ 132 und 132a StGB. Gegenstand des Verbots (= Tatbestandes) ist nicht die Amtsausübung oder das Uniformtragen, sondern die Vornahme dieser Handlungen ohne staat-

---

[1]) vgl. Bemmann, Zur Frage der objektiven Strafbarkeitsbedingungen, S. 16f.
[2]) vgl. u. S. 108 ff.
[3]) vgl. o. S. 64ff.
[4]) so v. Weber, Gutachten, S. 279; Hirsch, S. 334 ff.
[5]) v. Weber, a. a. O.; Hirsch, a. a. O.; Welzel, JZ 53/763.

liche Ermächtigung. „Eine Rechtsordnung, welche die Ausübung eines Amtes grundsätzlich verbietet und nur ausnahmsweise gestattet, würde mit Recht als merkwürdig empfunden werden. Der gesamten Verwaltungstätigkeit wäre damit ein Ausnahmecharakter beigelegt ... Das Ausüben eines Amtes oder das Tragen einer Amtstracht weist für sich allein noch gar keinen Unrechtsgehalt auf. Ein Unrechtsgehalt liegt erst vor, wenn diese Tätigkeiten ohne die aus den verwaltungsrechtlichen Vorschriften oder einem Verwaltungsakt zu entnehmende Ermächtigung erfolgen. Das Fehlen dieser Ermächtigung ist bei §§ 132 und 132a deshalb Tatbestandsmerkmal"[1]).

Ebenso kann bei § 107a StGB nicht das Wählen als solches als Gegenstand eines Verbotes und damit als tatbestandsmäßig angesehen werden — welch sonderbare Vorstellung in einem demokratischen Staat! —, sondern nur das Wählen ohne subjektive Wahlberechtigung.[1a]).

IV. Die „objektiven Tätermerkmale" in normlogischer Sicht.

1. Daß Armin Kaufmann die Tätermerkmale nicht zum „Tatbestand" rechnet, hat eine mehr terminologische Bedeutung[2]): Während die allgemeinen Normen nur den verbotenen Akt normieren, enthalten die besonderen Normen daneben in den Tätermerkmalen noch „eine nähere Bestimmung des Normsubjekts"[3]). Die Normmerkmale, die den Akt beschreiben, welcher Gegenstand der Norm ist, nennt er im Gegensatz zu den Tätermerkmalen: „Handlungsmerkmale". Als „Tatbestand" bezeichnet er lediglich die Summe dieser Handlungsmerkmale[4]). Während das Vorliegen der Handlungsmerkmale, die „Tatbestandsmäßigkeit", im Regelfalle — nicht bei den Sonderdelikten — für sich allein schon ein „Unrecht", eine rechtswidrige Handlung, konstituiert, muß bei den Sonderdelikten zur „Tatbestandsmäßigkeit" noch ein „Tätermerkmal" hinzutreten, damit von einem Unrecht, einer als rechtswidrig bewerteten Handlung gesprochen werden kann[5]).

Diese Konstruktion setzt sich dem gleichen Vorwurf aus wie die ursprüngliche Konstruktion Welzels[6]): daß nämlich der so verstandene „Tatbestand" nicht mehr Umschreibung der Norm- oder Verbotsmaterie ist, sondern nur noch einen Teil von ihr umfaßt: „Er deckt sich nicht mehr mit dem Norminhalt, zu dem auch[7]) die Angabe des Täterkreises

---

[1]) so treffend Hirsch, S. 336; neuerdings auch Welzel, Lb., 6. Aufl., S. 73.
[1a]) Welzel, a. a. O.
[2]) Normentheorie, S. 149.
[3]) a. a. O., S. 134.
[4]) a. a. O., S. 159.
[5]) a. a. O., S. 157.
[6]) vgl. oben S. 65.
[7]) auch nach Kaufmann, vgl. a. a. O., S. 107.

gehört"[1]). Auch Nichtbeamte können danach den „Tatbestand" eines echten Amtsdelikts erfüllen.

Es ist daher der neueren Auffassung Welzels[2]) der Vorzug zu geben, wonach die Tätermerkmale, wie zum Norminhalt, so auch zum Tatbestandsinhalt gehören.

2. Kaufmann hat aber durchaus recht mit der Feststellung, daß damit noch nicht entschieden ist, ob sie dogmatisch auch genau so behandelt werden müssen wie die Handlungsmerkmale: „Was für den Akt als solchen gilt, das kann nicht deswegen Geltung auch für die Kennzeichnung des Handelnden selbst beanspruchen"[3]). Wenn also Vorsatz bezüglich der Handlungsmerkmale, d. h. bei allen anderen als den Sonderdelikten: bezüglich aller Tatbestandsmerkmale, erforderlich ist, damit von einem Unrecht gesprochen werden kann — ein Ergebnis, das durch die finale Handlungslehre als gesichert anzusehen ist —, so ist damit in der Tat noch nichts darüber gesagt, ob der Vorsatz auch die Tätermerkmale umfassen muß.

Diese Frage beantwortet Kaufmann auf Grund einer Analyse der Voraussetzungen der Rechtswidrigkeit:

Rechtswidrig ist eine Handlung, wenn sie der durch die Konkretisierung einer Norm auf einen bestimmten Täter begründeten Pflicht, die verbotene Handlung zu unterlassen, zuwiderläuft. Dann „verbesondert sich . . . das abstrakte Werturteil, das generell über bestimmt geartete Akte gefällt worden und in die abstrakte Norm eingegangen ist, zum konkreten Unwerturteil über diesen Akt dieses Täters, zum konkreten Handlungsunwert; der vollzogene Akt ist rechtswidrig, ist ein Unrecht"[4]).

Die Pflichtwidrigkeit unterscheidet sich in ihren Voraussetzungen von der Pflicht „nur durch das Hinzutreten der Aktualisierung des Gegenstandes der Unterlassungspflicht, also durch die Aktverwirklichung"[5]). Daher vermag die Untersuchung der Pflichtvoraussetzungen über die Unrechtsvoraussetzungen Aufschluß zu geben:

Die Norm als die „abstrakte Denkform rechtlicher Gebundenheit"[6]) ist zwar, da sie als solche „losgelöst (ist) von einzelnen Menschen und konkreten Akten"[7]), an alle Menschen adressiert (auch die besondere Norm beim echten Sonderdelikt, wie die Strafbarkeit des an ihm teilnehmenden extraneus zeigt); sie begründet aber noch keine konkrete Pflicht des einzelnen, da der „Normadressat" ja ein untauglicher Befehlsempfänger, z. B. ein Handlungsunfähiger, sein kann. Um eine

[1]) Hirsch, S. 343.
[2]) s. oben S. 65f.
[3]) a. a. O., S. 149.
[4]) a. a. O., S. 144f., Hervorhebungen von Kaufmann.
[5]) a. a. O., S. 153.
[6]) a. a. O., S. 48f., 125.
[7]) a. a. O., S. 125.

konkrete Pflicht zum Handeln oder Unterlassen begründen zu können, muß die Norm sich konkretisieren auf einen bestimmten einzelnen, „der für einen konkreten Akt, der Gegenstand des (abstrakten) Verbotes ist, in Frage kommt. ‚In Frage kommen' kann hier nur bedeuten, daß der einzelne in der Lage wäre, in einer zeitlich und räumlich bestimmten Situation den verbotenen Akt vorzunehmen ... Mit anderen Worten: Die Norm konkretisiert sich nur auf den Handlungsfähigen, auf diesen aber stets ... Nur der zur normierten Handlung Fähige wird von ihr ‚verpflichtet'"[1]).

Zu einer bestimmten Handlung fähig ist, wer den Entschluß zu dieser Handlung fassen und realisieren kann. Dies setzt dreierlei voraus:

1. „Der einzelne muß die Situation, in der er sich befindet, so weit überschauen, daß er sich derjenigen Umstände, die das Ziel des verbotenen Aktes ausmachen, bewußt ist ... Erst das Bewußtsein von diesen Umständen (z. B. ‚Mensch', ‚bewegliche Sache') kann dem Täter Veranlassung geben, (z. B.) einen Tötungs- oder Wegnahmeakt zu erwägen"[2]).

2. „Der einzelne muß ferner in der Lage sein, den Ablauf der verbotenen Handlungen an Hand seiner Kenntnis der bereits vorhandenen Tatumstände und seines generellen Kausalwissens vorauszuberechnen"[3]).

3. „ist es zur konkreten Handlungsfähigkeit notwendig, daß der einzelne den einmal gefaßten Entschluß zu der bestimmten Handlung ... auch wirklich zu realisieren vermag"[4]).

Nur der so Handlungsfähige hat die Pflicht, die Vornahme des durch die Norm abstrakt verbotenen Aktes zu unterlassen.

Dies alles galt zunächst nur für die Entstehung der einer allgemeinen Norm entsprechenden konkreten Pflicht. Bei den besonderen Normen ist noch ein Weiteres erforderlich, damit sie sich zur Pflicht konkretisieren können: es müssen Umstände vorliegen, die das in der Norm beschriebene Normsubjekt kennzeichnen, also Umstände, die das Subjekt zum Beamten, Garanten, Vormund usw. machen[5]).

Während aber die erste Konkretisierung der Norm (auf den Handlungsfähigen) voraussetzt, daß dieser aktuelle Kenntnis der Umstände besitzt, die das Ziel des verbotenen Aktes ausmachen (d. h.: aktuelle Kenntnis der „Tat"umstände!), genügt es für die zweite Konkretisierung der besonderen Norm (zur konkreten Pflicht des besonderen Normsubjekts), „daß der einzelne tatsächlich durch die Merkmale, die das Normsubjekt beschreiben, gekennzeichnet wird; sein aktuelles oder aktualisierbares Bewußtsein vom Vorliegen dieser Umstände ist für die Frage der Konkretisierung der Norm zur Pflicht

[1]) a. a. O., S. 139.
[2]) a. a. O., S. 140.
[3]) a. a. O., S. 141.
[4]) a. a. O., S. 141.
[5]) a. a. O., S. 142.

völlig gleichgültig. Andernfalls würde ja auch die Kenntnis der Pflicht zur Voraussetzung der Pflicht gemacht — eine logische Unmöglichkeit"[1]).

Was für die Entstehung der Pflicht gilt, hat, wie oben dargelegt, auch Gültigkeit für die Pflichtwidrigkeit, das Unrecht.

Ebensowenig wie also zur Entstehung der Sonderpflicht Kenntnis von ihren Voraussetzungen — Stellung als Beamter, Garant usw. — gehört, weil die Pflicht rein objektiv ist (im Gegensatz zu der durch die erste Konkretisierung begründeten Pflicht, die die aktuelle Kenntnis der Tatumstände zur Voraussetzung hat), — ebensowenig kann eine solche Kenntnis Voraussetzung der Pflichtwidrigkeit, des Unrechts sein, da sich dieses in seinen Voraussetzungen von der Pflicht nur durch die Aktverwirklichung unterscheidet.

Damit gelangt Kaufmann wie Welzel zu dem Ergebnis, daß der Vorsatz die Tätermerkmale nicht zu umspannen braucht. Er unterscheidet sich von Welzel aber darin, daß dierer auch jetzt noch die inaktuelle Kenntnis der pflichtbegründenden Umstände als Unrechtsvoraussetzung (Teil des subjektiven Tatbestandes) ansieht — während nach Kaufmann das Fehlen dieser Kenntnis das „Unrecht" unberührt läßt, und nur zum Normirrtum (= Verbotsirrtum) führt[2]). Die Ansicht Kaufmanns verdient in diesem Punkte den Vorzug, da sie konsequent daran festhält, daß das Entstehen der Sonderpflicht objektiv und von der Kenntnis des Verpflichteten unabhängig ist.

Die Richtigkeit des Ergebnisses, daß der Vorsatz sich nicht auf die eine Sonderpflicht begründenden Merkmale zu erstrecken braucht, zeigt sich auch, wenn man den Fall des umgekehrten Irrtums heranzieht: Bejaht man das Vorsatzerfordernis, so muß man konsequent denjenigen, der sich irrtümlich für einen Beamten, Garanten usw. hält, wegen versuchten (echten) Beamtendelikts oder versuchten (unechten) Unterlassungsdelikts bestrafen[3]).

Diese Konsequenz wird mit Recht überwiegend abgelehnt[4]), denn sie führt dazu, daß entgegen der Intention des Gesetzes, nur bestimmt qualifizierte Täter als Täter des Sonderdelikts zu bestrafen, Nichtqualifizierte als Täter bestraft werden. „Auch der Täter eines versuchten Sonderdelikts muß Täter (also Qualifizierter!) sein"[5]). — Die

---

[1]) a. a. O., Hervorhebungen von Kaufmann.

[2]) vgl. Kaufmann, S. 159, Note 227.

[3]) so v. Weber, Grundriß, 2. Aufl., S. 77; H. J. Bruns, Der untaugliche Täter im Strafrecht.

[4]) Binding, Normen, III, S. 551; Frank, I zu § 43; Kohlrausch-Lange, 41. Aufl., Vorb. VI vor § 43; Hellmuth Mayer, S. 288; M. E. Mayer, AT, S. 354; Mezger, StuB. I, S. 192; Schönke VI zu § 43; Welzel, Lb. 6. Aufl., S. 170. — RG 8/199; 29/420; a. A. RG 72/109 (betr. die Eigenschaft als „Jude"!). Vgl. eingehend Armin Kaufmann, Normentheorie, S. 151f.

[5]) Welzel, Lb., 6. Aufl., S. 170.

Auffassung von Bruns, das Wesen der echten Sonderdelikte bestehe darin, daß nur der intraneus wegen Vollendung, der extraneus aber nur wegen Versuchs bestraft werden könne, setzt, wie Welzel[1]) richtig bemerkt, gerade voraus, was sie beweisen will, daß nämlich der extraneus überhaupt wegen Versuchs bestraft werden kann.

Es ist also im Ergebnis Armin Kaufmann darin zuzustimmen, daß der Vorsatz sich nicht auf die objektiven Tätermerkmale zu erstrecken braucht und daß der Irrtum hierüber Verbotsirrtum ist. Dagegen ist Welzel darin zu folgen, daß die eine Sonderpflicht begründenden Merkmale zum Tatbestand gehören.

Zu dem möglichen Bedenken gegen die Annahme eines „Verbotsirrtums im Tatbestandsbereich" hat bereits Hirsch[2]) zutreffend Stellung genommen mit dem Hinweis, daß ein solcher Irrtum auch sonst vorkommt, z. B. beim Subsumtionsirrtum (der Täter hält etwa ein von ihm kitzlig gemachtes fremdes Pferd[3]) nicht für eine „Sache").

F

Die Stellung Engischs zu den bisherigen Lehren von den normativen Tatbestandsmerkmalen (1954)

In der jüngsten Zeit hat sich Engisch mit dem Problem der normativen Tatbestandsmerkmale in einer längeren Abhandlung in der Mezger-Festschrift beschäftigt[4]). Engisch geht von einem fünffachen Tatbestandsbegriff aus[5]). Er unterscheidet[6]):

1. den „Tatbestand im Sinne der Rechtstheorie" als Korrelat der Rechtsfolge (Strafdrohung). Dieser Tatbestand ist „der Inbegriff aller materiellen Voraussetzungen der Strafdrohung mit Beiseitesetzung der bloßen Strafverfolgungsbedingungen";

2. den „Verbrechenstatbestand als Inbegriff der ... Verbrechensmerkmale im Gegensatz nicht nur zu den Strafverfolgungsbedingungen, sondern auch zu solchen ‚äußeren' Strafbarkeitsbedingungen, ... (die) das Verbrechen selbst unberührt lassen, wie etwa das Nichtvorliegen eines Gnadenakts". Zum Verbrechenstatbestand gehören „selbstverständlich solche Folgen, die straferhöhend wirken (§ 56 StGB in der Fassung v. 25. 8. 1953), sowie subjektive Tatbestandsmerkmale";

---

[1]) a. a. O.
[2]) S. 345.
[3]) vgl. oben S. 27 ff.
[4]) Die normativen Tatbestandsmerkmale im Strafrecht, Mezger-Festschrift (1954), S. 127—163.
[5]) und bestätigt damit die sarkastische Voraussage Belings (Lehre v. TB, S. 15), aus dem gesetzlichen Tatbestand drohe unter der Flut der verschiedenartigen Verwendungen des Begriffs ein entsetzlicher „Tatbestand" zu werden.
[6]) a. a. O., S. 130 ff.

3. den „Garantietatbestand, der gemäß dem Grundsatz nullum crimen sine lege diejenigen Verbrechensmerkmale umfaßt, die gesetzlicher Fixierung bedürfen". Hierher zählt er auch die Merkmale der gesetzlichen Rechtfertigungsgründe;

4. den „Unrechtstatbestand, der diejenigen Verbrechensmerkmale . . . umgreift, die den sachlichen Unrechtsgehalt des Verbrechens . . . erfassen und in dieser Gestalt die ‚ratio essendi' der Rechtswidrigkeit bilden . . ." Dazu gehören „diejenigen objektiven Strafbarkeitsbedingungen, die den besonderen Unrechtsgehalt eines Deliktstypus begründen", wie z. B. die Rechtmäßigkeit der Amtsausübung in § 113 StGB;

5. den „gesetzlichen Tatbestand" im Sinne des § 59 StGB, „das ‚Leitbild' im Sinne Belings. Dieser Tatbestand stellt denjenigen Teil des Unrechtstatbestandes dar, auf den sich Vorsatz und Fahrlässigkeit zu beziehen haben . . ." Hierzu rechnet er auch die subjektiven Unrechtsmerkmale wie die „wollüstige Absicht" usw., denn es sei nicht gesagt, daß nur „äußere Umstände" Gegenstand des Vorsatzes sein könnten, man könne sich vielmehr auch innerer Umstände und Vorgänge bewußt werden und sie in seinen Willen aufnehmen. — Ferner zählt er zu den Merkmalen des „gesetzlichen Tatbestandes" die „Rechtfertigungsmerkmale" als „negative Tatbestandsmerkmale".

Für jeden dieser fünf Tatbestände stellt sich nun das Problem der „normativen Elemente".

Es fällt indes schwer, aus den zum größten Teil skizzenhaften Ausführungen Engischs, in denen er vorwiegend knapp referiert und die wiedergegebenen Meinungen miteinander kontrastiert, eine bestimmte Ansicht über dasjenige, was unter dem Begriff des Normativen zu verstehen ist, als die seinige herauszuschälen. Immerhin kann man etwa die folgende Charakterisierung[1]) als diejenige ansehen, mit der er sich am meisten identifiziert (obwohl auch sie als historische Lehrmeinung vorgetragen ist und Engisch auch bei ihr stets von dem „momentanen Sinn" oder der „jetzt gemeinten Bedeutung" des Normativen spricht). Sie schließt sich an die „recht gute", aber gerade im entscheidenden Punkt von Engisch unvollständig zitierte Bemerkung Wolters an, „daß der Wesenskern der normativen Tatbestandsmerkmale, die keine Wertung aufweisen, in einem ‚normativen Sinn' besteht, wobei ‚normativ' nichts mit Wertungen zu tun hat, sondern die Bedeutung nur innerhalb der Normenwelt bezeichnet"[2]).

Engisch läßt den (vom Verfasser) gesperrten Relativsatz fort. Im Anschluß an das gekürzte Zitat fährt er dann fort: „Die normativen Merkmale zielen auf Gegebenheiten ab, die überhaupt nur unter logischer Voraussetzung einer Norm vorgestellt und gedacht werden können. Im übrigen können es die verschiedensten Norm- und Wertbereiche sein,

---

[1]) S. 146f,; ähnlich schon MschKPsychStrRef. Bd. 21, S. 120.

[2]) vgl. dazu oben S. 40 ff.

auf die diese normativen Merkmale innerlich Bezug nehmen ... Dagegen ist es nun ganz gleichgültig für den momentanen Sinn des Normativen, ob die logisch vorausgesetzten und gedanklich in bezug genommenen Normen und Werte absolut oder nur relativ gültig sind, ob sie positivrechtlich mehr oder minder genau fixiert sind oder nicht, ob sie einer sicheren Erkenntnis zugänglich sind oder sich nur einer irrationalen persönlich gefärbten Wertung erschließen." Die Merkmale „fremd", „Beamter", „Ehe", „Schwägerschaft", „minderjährig", „Unzucht", „Unbescholtenheit", „entstellt", „ehrlos", „niedrig" werden allesamt als hierher gehörig aufgezählt. Als zusammenfassende Bezeichnung für sie alle wählt Engisch den Ausdruck „norm- und wertimplizierende, auch wertbezügliche Merkmale".

Die wertbezüglichen Merkmale stellt er den deskriptiven gegenüber. Als deskriptiv bezeichnet er Begriffe, „die dem Alltagssprachgebrauch ebensowohl wie dem juristischen Sprachgebrauch angehören, ... die auf in natürlicher Rede beschreibbare, insbesondere auch in der Anschauung aufweisbare Realitäten abzielen, Begriffe, deren konkrete Belegung sinnvoller Gegenstand einer Tatsachenfeststellung ist"[1]). Trotz einiger Zweifel nennt er[2]) deskriptiv auch die Begriffe „Wahrheit", „Unwahrheit", „Wahrscheinlichkeit", „Gefahr", „gleich nach der Geburt", „geringe Menge". Sie enthielten zumindest einen „deskriptiven Kern", z. B. bei der Gefahr die Wahrscheinlichkeit des schädlichen Ereignisses. Auffallend ist, daß er die Merkmale „Wahrheit", „Unwahrheit", „Wahrscheinlichkeit" wenige Seiten weiter (S. 149) als normative Merkmale bezeichnet.

An der Charakterisierung der normativen Merkmale fällt zunächst das merkwürdige Oszillieren zwischen den Begriffen „Norm" und „Wert" auf. Am Anfang ist von der logischen Voraussetzung der „Norm" die Rede, dann werden einige Male „Norm" und „Wert" synonym gebraucht, und schließlich faßt Engisch alle aufgezählten Merkmale — „fremd" so gut wie „Unzucht" — als wertbezügliche zusammen. Hieran zeigt sich, daß er Wolters Bemühungen um eine Unterscheidung von „axiologischer" und „thetischer" Norm — welch letztere „nichts mit Wertungen zu tun hat" — nicht erkannt hat[3]) — wie er denn auch die oben zitierte Äußerung Wolters, die sich gerade nur auf die „thetisch-normativen" Merkmale ohne „Wertmoment" bezieht, durch die Kürzung so wiedergibt, als beträfe sie alle normativen Merkmale.

Durch die einheitliche Zurückführung so heterogener Merkmale wie „fremd" und „unzüchtig" auf den Begriff des „Wertes" aber ist der in der Differenzierung Wolters liegende Fortschritt wieder rückgängig

[1]) S. 143.
[2]) S. 144f.
[3]) Er vermerkt lediglich in einer Fußnote (3 zu S. 147), „die eigentümlichen Unterscheidungen" Wolters bedürften noch „näherer kritischer Überprüfung".

gemacht, und die Mehrdeutigkeit des Wortes „Wert" verdeckt wieder, wie bei Mezger, bedeutsame Unterschiede (s. oben S. 35ff.). Das wird besonders deutlich, wenn Engisch[1]) fortfährt, die Charakterisierung der normativen Merkmale als „wertbezüglich" sei noch dahin zu ergänzen, daß man auch „sinnbezügliche" Merkmale zu ihnen zu rechnen habe, z. B. „Wahrheit", „Unwahrheit", „Wahrscheinlichkeit".

Ebensowenig befriedigend wie die durchgängige Verwendung des Begriffs „Wert" zur Umschreibung des „Normativen" ist die Verwendung des Begriffs der „Norm" (normative Merkmale betreffen solche Gegebenheiten, die „nur unter logischer Voraussetzung einer Norm ... gedacht werden können"). Es gibt in der Rechtswissenschaft wenige Begriffe, die so vielfältig schillern wie der Begriff der Norm. Als Normen werden nicht nur die „Maßstäbe eines bewußt bewertenden Verhaltens"[2]), „Wertmaßstäbe"[3]), bezeichnet, sondern Norm bedeutet auch „das gewöhnlich Geschehende ... im Gegensatz zum Abnormalen"[4]), ferner „das Geschehensollende"[5]), eine „Forderung, die ein unbedingtes Sollen ausdrückt"[6]); Normen im Sinne Bindings endlich sind die „verbindlichen Befehle rechtlichen Inhalts"[7]) — um nur einige wenige der zahlreichen Äquivokationen des Normbegriffs zu nennen, die zuletzt Armin Kaufmann zusammengestellt hat[8]).

Die Beispiele Engischs zeigen, daß er den Normbegriff nicht einheitlich verwendet. Denn die „Norm", die dem Merkmal der „Fremdheit" i. S. von § 242 StGB zugrunde liegt, ist offenbar anderer Natur als die beim Begriff der „Unzucht" vorausgesetzte.

Der Frage, warum die von den normativen Merkmalen intendierten Gegebenheiten nur unter logischer Voraussetzung einer „Norm" gedacht werden können, d. h. der Frage nach der Struktur dieser Gegebenheiten, gedenkt Engisch nicht. So bleibt seine Definition letzten Endes im Formalen stecken.

Nach der Erörterung des Wesens des Normativen geht Engisch über zur Betrachtung der dogmatischen Funktion der normativen Tatbestandsmerkmale, die er in der Weise vornimmt, daß er seine fünf Tatbestandsbegriffe durchgeht und jeweils fragt, welche Probleme sie für jeden der fünf Tatbestände aufwerfen. Hierbei begnügt er sich jedoch damit, „die Richtungen aufzuweisen, in denen diese ... Merkmale ... von Bedeutung werden, und allenfalls die Möglichkeiten einer Problemlösung anzudeuten"[9]).

---

[1]) S. 148.
[2]) Radbruch, Rechtsphilosophie, 4. Aufl., S. 91.
[3]) Apel, Philosophisches Wörterbuch, S. 168.
[4]) Somlò, Juristische Grundlehre, S. 56.
[5]) a. a. O.
[6]) Karl Wolff, Grundlehre des Sollens, S. 43.
[7]) Normen I, S. 45.
[8]) Normentheorie, S. 36 ff.; vgl. Thierfelder, Normativ und Wert, S. 1 ff. (4).
[9]) S. 153 ff.; vgl. auch S. 152.

Der „Tatbestand im rechtstheoretischen Sinne" gibt die Frage auf, „welcher Art der geistige Zugang zu der logisch vorausgesetzten Welt der Werte und Normen ist, zum Unterschied nämlich von der ‚schlichten Seinserkenntnis', wie sie bei den ‚deskriptiven' Begriffen gefordert wird". Die rechtlich-normativen Begriffe, d. h. diejenigen Begriffe, „die auf spezifisch rechtliche Werte und Normen ... Bezug nehmen", klammert er aber aus und befaßt sich nur mit den „kulturell-normativen" Merkmalen. In betontem Gegensatz zu Mezger, Eichmann und Erik Wolf lehnt er es ab, hier von einer Ermessensdelegation an den Richter zu sprechen, oder von einem „ergänzenden Werturteil" des Richters, das innerhalb bestimmter Grenzen bindungslos wäre. „Vielmehr wird der Gesetzgeber in aller Regel von der Intention ausgehen, daß das ergänzende Werturteil trotz aller Subjektivität einen Richtpunkt im „Gerechten und Angemessenen habe, daß daher nur eine Entscheidung die zutreffende sein könne". Die Erfahrung lehre aber, daß eine solche vom Gesetz intendierte eindeutige Entscheidung praktisch nicht vorkomme. „Die noch so gut gemeinte objektivierende Erfassung von Werten und Normen im kulturellen Bereich landet schließlich doch bei der relativ gültigen Eigenwertung ... Dennoch wird sich die Eigenwertung bis zu einem gewissen Grade ... zu orientieren versuchen an vorgegebenen tradierten Wertungen, sie wird in der Übernahme solcher fremder Wertungen ihr Heil suchen. Methodologische Prinzipien haben darüber zu entscheiden, was hier das Richtige ist, ob sich der Rechtsanwender mehr an vorgegebene Wertungen anlehnen oder ob er mehr auf die Stimme in seiner Brust hören soll ... Totalitäre Rechtssysteme fordern strenge Anlehnung an die Wertparolen der herrschenden Schicht, liberale Rechtssysteme gönnen der Eigenwertung des Rechtsanwenders schon eher Raum".[1])

Nach dem kurzen Hinweis[2]), der sogenannte „Verbrechenstatbestand" zeige, daß normative Merkmale auch innerhalb der Schuld, „etwa ... als das normative Schuldelement ‚Zumutbarkeit'" zu finden seien, kommt er[3]) auf das Ermessensproblem erneut beim Garantietatbestand zu sprechen: „Gerade vom Garantietatbestand her gesehen erscheint es auch unmöglich, normative Tatbestandsmerkmale als echte Ermessensbegriffe aufzufassen ... Es kann im Rahmen des Garantietatbestandes niemals intendiert sein, daß über Strafbarkeit, Strafart und Strafmaß einander wiedersprechende Entscheidungen gleichermaßen richtig sein können. ... Eindeutige Richtigkeit ist und bleibt in der Strafrechtspflege wenigstens Postulat ... Soweit der Anspruch der normativen Merkmale auf Objektivität unerfüllt bleibt (?), versagt im Grunde der Tatbestand als Garantietatbestand."

---

[1]) S. 153—155.
[2]) S. 155.
[3]) S. 156f.

Auf die bedeutsamen Konsequenzen, die sich aus diesen sehr wichtigen Einsichten ergeben, nämlich auf die Frage der Revisibilität, kommt Engisch nicht zu sprechen (vgl. dazu unten S. 98ff.).

Die Betrachtung des „Unrechtstatbestandes", der nur „die Voraussetzungen festlegt, unter denen das Rechtswidrigkeitsurteil angebracht ist,", ohne die Rechtswidrigkeit als Tatbestandsmerkmal zu enthalten, nimmt er zum Anlaß, Welzels Theorie er „Rechtspflichtmerkmale" („rechtsgültig" in § 110 StGB, „rechtmäßig" in § 113, „zuständig" in §§ 110, 116, 137, 153ff., „unbefugt" in §§ 132, 168) kritisch zu überprüfen. Er hält es für falsch, wie Welzel zu sagen, daß „jene Merkmale das Rechtswidrigkeitsurteil in anderer Weise begründen, als es im Grunde jedes Tatbestandsmerkmal tut", da „der Tatbestand" (gemeint ist wohl der sog. Unrechtstatbestand) nicht nur als Objekt der Wertung, sondern als „Grundlage der (Unrechts-)Bewertung" angesehen werden müsse. Diesen „Grund-Folge-Zusammenhang" deute Welzel fälschlich in eine Identität um. „So ist z. B. die Rechtmäßigkeit der Amtsausübung zwar Grund für die Rechtswidrigkeit des Widerstandes gegen sie, nicht aber identisch mit ihr, wie auch die Fremdheit der Sache zwar Grundlage der Rechtswidrigkeit des Diebstahls, aber nicht gleichbedeutend mit dieser ist".[1])

Für den „Leitbildtatbestand" trifft Engisch[2]) zunächst die Feststellung, daß die normativen Tatbestandsmerkmale in bezug auf den Subsumtionsirrtum keine besonderen Probleme stellen. Auch bei rein deskriptiven Begriffen könne die Frage auftauchen, welche Bedeutung es habe, wenn der Täter falsch unter sie subsumiert. So sei es ein Subsumtionsirrtum, wenn der Täter den an einem Winterabend um 19 Uhr begangenen Diebstahl nicht für einen solchen „zur Nachtzeit "gehalten habe.

Im übrigen, so bemerkt er weiter, begründe die Kenntnis der „konstituierenden Merkmale" eines normativen Begriffs nicht notwendig den Tatbestandsvorsatz, denn „was dem Richter möglicherweise die Subsumtion erleichtert (der Rückgang auf die konstituierenden Merkmale), braucht noch nicht dem Täter die ‚Bedeutungskenntnis' zu vermitteln"[3]).

Was er aber über den Inhalt des Vorsatzes bezüglich normativer Tatbestandsmerkmale sagt, ist nicht sehr klar und nicht frei von Widersprüchen. Wenn er[4]) davon spricht, ihre Kenntnis stelle „andere geistige Anforderungen als die Kenntnis von Tatsachen, die sinnlich wahrnehmbar sind . . .", so bleibt doch durchaus unklar, welche Anforderungen er meint. Einerseits scheint es, als setze er ihre Kenntnis mit dem Unrechts-

---

[1]) S. 157f.
[2]) S. 159.
[3]) S. 160.
[4]) S. 161.

bewußtsein gleich (was zur Ununterscheidbarkeit von Tatbestandsirrtum und Verbotsirrtum führen müßte): so sagt er, die Fähigkeit, das Unerlaubte der Tat einzusehen, sei gleichbedeutend mit der Fähigkeit, „wertbezügliche Momente der Tat zu erkennen", und meint: „Vielleicht, daß die berühmte Unterscheidung von natürlichem Vorsatz und schuldhaftem Vorsatz anknüpfen kann an die Unterscheidung von deskriptiven und normativen Tatbestandselementen. Der Zurechnungsunfähige ist zwar eines natürlichen, nicht aber eines schuldhaften Vorsatzes fähig, er ist wohl in der Lage, die beschreibbaren Momente der Tat zu erfassen, nicht aber ist er in der Lage, die wertbezüglichen Momente in ihrer Bedeutung zu erkennen . . ."[1])

In eine ähnliche Richtung weist die an Schröder[2]) anknüpfende Bemerkung, da Tatbestand (welcher?) und Rechtswidrigkeit angesichts von Rechtspflichtmerkmalen in „unauflöslicher Strukturverschlingung" ständen, wiederfahre „offenbar das gleiche Schicksal auch Tatbestands- und Verbotsirrtum"[3]).

Andererseits distanziert er sich aber von der Behauptung Arthur Kaufmanns, mit der Kenntnis der normativen Tatbestandsmerkmale sei das Unrechtsbewußtsein eo ipso gegeben, und erklärt, zwischen Tatbestandsvorsatz und „Bedeutungserkenntnis, insbesondere (!) Unrechtskenntnis", müsse grundsätzlich unterschieden werden, und nur bei den normativen Merkmalen, die als Rechtspflichtmerkmale anzusehen seien, und „gewissen anderen ergänzenden Unrechtsmerkmalen" (?) sei dies nicht möglich[4]).

So bleiben bei Engisch insbesondere die Fragen des Vorsatzes bezüglich der normativen Tatbestandsmerkmale und die oben S. 56ff. erörterten Fragen des Verhältnisses von Bedeutungskenntnis und Unrechtsbewußtsein in der Schwebe.

---

[1]) a. a. O.

[2]) Z 65, S. 185, 193; vgl. oben S. 57.

[3]) S. 162.

[4]) a. a. O.

ZWEITER TEIL

Eindimensionale und mehrdimensionale Tatbestandsmerkmale

A

Der Tatbestand als Beschreibung und Vorbewertung. Tatbestand und Erlaubnissatz

Eine Untersuchung der Struktur einer Gruppe von Tatbestandsmerkmalen kann folgerichtig nur ausgehen von einer Untersuchung des Tatbestandes als ganzem. Nur wenn Inhalt und Funktion des Tatbestandes klargelegt sind, kann man fortschreiten zur Analyse der ihn konstituierenden Teile. Insofern verfahren die Lehren methodisch konsequent, die aus der (angeblichen) Funktion des Tatbestandes, die Rechtswidrigkeit zu vertypen, den Schluß ziehen, auch die einzelnen und insbesondere die normativen Tatbestandsmerkmale brächten die Rechtswidrigkeitsbewertung zum Ausdruck, und weiter, die Kenntnis dieser Merkmale sei identisch mit dem Unrechtsbewußtsein [1]). Richtig ist aber an dieser Auffassung nur der methodische Ansatzpunkt, dem Wesen der einzelnen Merkmale vom Wesen des Tatbestandes her näher zu kommen. Die Unhaltbarkeit des Ergebnisses — auch von dem Standpunkt aus, daß der Tatbestand die Rechtswidrigkeitsvertypung sei, — wurde oben näher dargelegt: nur der Tatbestand als ganzer kann eine Unrechtsvertypung sein, nicht das einzelne Tatbestandsmerkmal.

Aber ist die Lehre, die den Tatbestand in der Rechtswidrigkeit aufgehen läßt, überhaupt richtig? Ist es richtig, daß tatbestandsmäßiges Verhalten immer rechtswidrig ist, weil der Tatbestand das „Instrument der Unrechtsbewertung" [2]) darstellt?

Das Rechtswidrigkeitsurteil ist ein Urteil über eine konkrete Tat, eine konkrete Tötung, Körperverletzung usw., ein Urteil, dessen Ausspruch dem über die konkrete Handlung urteilenden Richter obliegt [3]). Der Tatbestand aber hat zum Gegenstand eine durch Abstraktion gewonnene Art von Handlungen. Nicht hingegen kann der Gesetzgeber durch Aufstellung seiner Tatbestände alle ihnen unterfallenden

[1]) vgl. oben S. 56 ff.
[2]) vgl. oben S. 55 ff.
[3]) vgl. Eberhard Schmidt in v. Liszt-Schmidt, 25. Aufl., S. 176.

Handlungen, also z. B. alle Tötungen, Körperverletzungen als rechtswidrig bewerten wollen — die zahlenmäßig bei weitem überwiegenden Tötungen und Körperverletzungen im Kriege sind gerade nicht rechtswidrig. Mit der Wendung, die Mezger[1]) der Lehre vom Tatbestand als der „ratio essendi" der Rechtswidrigkeit gibt, daß nämlich „die ihm (sc. dem Tatbestand) unterfallende Handlung bis auf weiteres unrecht", das im Tatbestand ausgesprochene Rechtswidrigkeitsurteil nur ein „vorläufiges" sei und „das Eingreifen besonderer Rechtswidrigkeitsausschließungsgründe unberührt" lasse, — mit dieser Wendung wird nur zugestanden, daß der Tatbestand eben das endgültige Unwerturteil nicht ausspricht. — Hiergegen kann man nicht einwenden — wie es die Lehre von den negativen Tatbestandsmerkmalen tut —, die durch einen Rechtfertigungsgrund gerechtfertigten Tötungen, Körperverletzungen usw. unterfielen eben gar nicht den Tatbeständen, weil diese mit der ungeschriebenen Einschränkung versehen seien: „. . . es sei denn, daß die Voraussetzungen eines Rechtfertigungsgrundes vorlägen," und insofern erkläre der Gesetzgeber eben doch alle tatbestandsmäßigen Tötungen für rechtswidrig[2]). Damit würde man dem Gesetzgeber die Erklärung unterstellen: „Alle nicht durch einen Rechtfertigungsgrund gerechtfertigten Tötungen sind rechtswidrig". Das wäre aber nichts anderes als die Tautologie: „Alle rechtswidrigen Tötungen sind rechtswidrig".

Aus einer solchen verfehlten Grundeinstellung müssen sich naturgemäß logische Schwierigkeiten bei ihrer Durchführung ergeben. Diese Schwierigkeiten hat Welzel[3]) treffend hervorgehoben: „Da es nur eine rechtswidrige Tatbestandserfüllung geben soll, kann die Tatbestandsmäßigkeit eines Verhaltens erst bejaht werden, wenn ihre Rechtswidrigkeit feststeht; das Eingreifen eines Rechtfertigungsgrundes erledigt auch die Tatbestandsmäßigkeit eines Verhaltens. Da aber die Prüfung eines Rechtfertigungsgrundes erst möglich ist, wenn zuvor wenigstens die Tatbestandsmäßigkeit eines Verhaltens feststeht, läuft die ganze Lehre auf einen circulus vitiosus hinaus: Die Tatbestandsmäßigkeit kann erst nach Feststellung der Rechtswidrigkeit bejaht, die Rechtswidrigkeit erst nach Feststellung der Tatbestandsmäßigkeit ermittelt werden!"

Als „Instrument" oder „Träger" des Rechtswidrigkeitsurteils muß der Tatbestand nach dem Gesagten mithin ausscheiden. Der Grund für die Entstehung dieser unrichtigen Auffassung ist darin zu sehen, daß sie zwischen der Normwidrigkeit einer Handlung (dem Widerspruch gegen ein einzelnes abstraktes Verbot der Rechtsordnung) und ihrer Rechtswidrigkeit (dem Widerspruch gegen die Rechtsordnung als ganze mit

---

1) Traeger-Festschrift, S. 191 f., 195.

2) so besonders Arthur Kaufmann, JZ 54/653 ff.

3) Lb., 6. Aufl., S. 50; vgl. auch Welzel Z 67/210 ff.; Armin Kaufmann, JZ 55/37 ff.

ihren beiden großen Gruppen von Rechtssätzen, den Ge- und Verboten und den Gewährungen,) nicht unterschied, sondern vielmehr durch die Einbeziehung der Rechtfertigungsgründe in die Normen diese bereits ihrem Gegenstande nach einschränken wollte[1]). Daß eine solche Einschränkung der Norm durch Aufnahme der Erlaubnissätze in die Norm nicht möglich ist, hat Armin Kaufmann[2]) an dem Beispiel der Tötung in Notwehr überzeugend nachgewiesen. Die in § 53 StGB versammelten Merkmale der Notwehr lassen sich in ihrer Gesamtheit weder zur Einschränkung des Tatobjekts, noch der Tathandlung, noch auch des Tatsubjekts verwenden.

Vielmehr stehen die abstrakten Erlaubnissätze selbständig neben den abstrakten Ge- und Verboten (Normen)[3]). Daher ist bei Vorliegen einer normwidrigen Handlung noch weiter zu fragen, ob sie auch rechtswidrig ist, d. h.: ob sie der Rechtsordnung als ganzer mit ihrem Zusammenspiel von Ge- und Verboten und Gewährungen widerspricht.

Die sich hieraus ergebende Folgerung, daß ein verbotenes Verhalten gleichzeitig (bei Eingreifen eines Erlaubnissatzes) erlaubt sein kann, ist nur scheinbar widerspruchsvoll[4]): ein solcher Satz bedeutet nur, daß eine abstrakt verbotene Handlung im einzelnen Falle erlaubt ist — erlaubt, weil das Vorliegen der Voraussetzungen des Rechtfertigungsgrundes die Konkretisierung des abstrakten Verbots (der Norm) zur konkreten Pflicht (zur Unterlassung der verbotenen Handlung) hindert[5]).

Damit ergibt sich für den Tatbestand: der Tatbestand ist als die Beschreibung der Verbotsmaterie[6]) die Beschreibung normwidrigen Verhaltens, das Gegenstand des konkreten Urteils „rechtswidrig“ sein kann.

Damit ist ein Doppeltes gesagt: zunächst, daß der Tatbestand Beschreibung von etwas ist, dann aber auch, daß er, indem er bestimmte Arten von Handlungen beschreibt, diese aus der Fülle der möglichen Handlungen heraushebt, daß also der Gesetzgeber, wenn er einen Katalog von Tatbeständen aufstellt, mehr tut als bloß ein Bilderbuch aus wahllos zusammengestellten Bildern zu entwerfen oder eine „Geschichte zu erzählen“[7]). Vielmehr drückt sich in der Auswahl der beschriebenen Verhaltensarten eine Stellungsnahme des Gesetzgebers zu ihnen aus,

---

[1]) Maurach, AT, S. 265.
[2]) Normentheorie, S. 255 ff.
[3]) Welzel, 6. Aufl., S. 46f., 70f.; Binding, Normen I, S. 104 ff.; H. A. Fischer, Rechtswidrigkeit, S. 20, 46 ff.; vgl. ferner Merkel in seiner Besprechung der Thonschen Imperativentheorie in Grünhuts Zeitschrift, Bd. VI, S. 371; Nagler, Binding-Festschrift II, S. 313.
[4]) Armin Kaufmann, Normentheorie, S. 248 ff.
[5]) a. a. O., S. 138 ff.
[6]) Welzel, Aktuelle Probleme, S. 13 ff.; Lb., 6. Aufl., S. 49.
[7]) Hegler, Frank-Festschrift I, S. 275, Note 1.

nämlich die, daß sie als Gegenstände des Urteils „rechtswidrig“ überhaupt in Betracht kommen, also nicht strafrechtlich neutral sind. Weil diese und jene Handlungen — nach der herrschenden Rechtsüberzeugung — im Falle ihrer nicht besonders erlaubten, d. h. rechtswidrigen, und schuldhaften, d. h. vorwerfbaren, Verwirklichung Strafe verdienen, deshalb werden sie in den Katalog von Bildern aufgenommen.

Die geschilderte Hervorhebung gewisser Handlungen ist also nicht so zu verstehen, daß diese Handlungen als „rechtswidrig“ gewertet und darum in den Katalog aufgenommen sind, sondern die Aufnahme stellt nur das Ergebnis einer „Vorbewertung“ dar: diese Handlungen können rechtswidrig sein. Vielleicht kann man das Gemeinte mit einem etwas platten Vergleich folgendermaßen erläutern:

A beschließt, sich einen schönen Pudel zu kaufen, und läßt sich zehn verschiedene Pudel vorführen. Die Vorbewertung, die in dem Entschluß liegt, nur einen Pudel — und keinen anderen Hund — zu kaufen, entspricht der Vorbewertung des Gesetzgebers, die er bei der Aufstellung eines Tatbestandes vornimmt. Und ebenso, wie erst der konkrete Pudel aus den zehn Gegenstand des Urteils „der gefällt mir“ oder „der gefällt mir nicht“ sein kann, ebenso kann erst die konkrete Tötungshandlung Gegenstand des Urteils „rechtswidrig“ oder „erlaubt“ sein.

Die Verkennung dieses Verhältnisses von „Vorbewertung“ und Rechtswidrigkeitsbewertung ist der Grund für die Entstehung der Lehre vom Tatbestand als der „ratio essendi“ der Rechtswidrigkeit gewesen[1]).

Der Entstehung dieser Lehre hat die Einseitigkeit des Belingschen Standpunktes Vorschub geleistet, da Beling dasjenige Moment am Phänomen des Tatbestandes, das hier mit der Wendung „Vorbewertung“ umschrieben wurde, ganz unberücksichtigt ließ, indem er in konsequent formaler Betrachtungsweise von den Tatbeständen, den „Leitbildern“, nur aussagte, daß sie „deskriptiv die Objekte umreißen, von denen im Strafrecht die Rede ist“[2]).

Die Konstruktion der Lehre vom Tatbestand als „ratio essendi“ der Rechtswidrigkeit war die Reaktion gegen diese Verkürzung des Tatbestandsbegriffs, die nur die funktionelle, nicht aber die inhaltliche Seite des Tatbestandes aufzeigte. Allerdings schoß diese Reaktion über ihr Ziel hinaus, wie wir gesehen haben. Ihr letzter Ausläufer ist der Aufsatz von Gallas in ZStW 67/1 ff., in dem er der an Beling orientierten Tatbestandsauffassung vorwirft, den Tatbestand „rein formal“ als bloßes Aufbauelement des dreistufigen Verbrechensaufbaus zu verstehen. Dieser Vorwurf trifft Beling in der Tat; er trifft aber nicht eine an Beling anknüpfende Auffassung, die den Tatbestand funktional wie er betrachtet, ihn aber gleichzeitig als Umschreibung der Verbots-

---

[1]) besonders deutlich Mezger, Lb., 2. Aufl., S. 182 ff.

[2]) Grundriß. 8./9. Aufl., S. 22.

materie begreift, d. h. seinen Inhalt und das Telos seiner Aufstellung in die Definition ausdrücklich einbezieht[1]).

Fragt man nun nach dem Verhältnis von Tatbestandsbeschreibung und Vorbewertung, so liegt klar zutage, daß die letztere der ersteren zeitlich vorangeht und logisch auch vorangehen muß: die Beschreibung gibt ja nur das Ergebnis der Vorbewertung wieder.

Besteht sonach das Wesen des Tatbestandes in der Beschreibung der Verbotsmaterie und kann, wie schon im ersten Teil dargelegt, die in ihm liegende Vorbewertung nur durch den Tatbestand in seiner Gesamtheit erfolgen, so kann jedes einzelne Merkmal des Tatbestandes für sich allein betrachtet nur beschreibenden Charakter haben. Insofern kann man den Satz aufstellen: „Alle Tatbestandsmerkmale sind deskriptiv". Die Frage lautet eben nur: Was beschreiben die Tatbestandsmerkmale im einzelnen? Hierbei gilt es allerdings, sich von der Vorstellung freizumachen, als bedeute „deskriptiv" die Beschreibung von etwas äußerlich Naturalistischem oder sinnlich Wahrnehmbarem — einer Vorstellung, die auch noch Welzels[2]) und Rittlers[3]) Einteilung der Tatbestandsmerkmale in „deskriptive" und „normative" zugrunde liegt. Beschreiben kann man aber nicht nur äußerliche, natürliche Gegenstände, Vorgänge und Zustände, sondern auch seelische und geistige, überhaupt kulturelle Phänomene: verfährt doch alle Kulturgeschichte, alle Soziologie, alle nicht spekulative Psychologie auch beschreibend.

B

Die Gegenstände der Tatbestandsbeschreibung im allgemeinen. Die „Haltungen" des objektiven Geistes als ihre zweite Dimension

Vom Wesen des Tatbestandes aus läßt sich also gar keine Unterscheidung der Tatbestandsmerkmale treffen, sondern nur vom Wesen des durch den Tatbestand Beschriebenen aus, und es gilt daher, ins Auge zu fassen, was von den Tatbeständen und von den einzelnen Tatbestandsmerkmalen beschrieben wird und wie das Beschriebene strukturiert ist, und ferner, wie es im einzelnen beschrieben ist.

Beschrieben werden Handlungen von Menschen in der Menschenwelt. Gegenstand der Tatbestandsbeschreibung ist „derjenige Wirklichkeitsausschnitt, der durch das praktische Dasein und Wirken des Menschen bestimmt wird, d. h. der menschliche Lebens- und Tätigkeitsraum in der Gemeinschaft. Dieser erschöpft sich nicht in physikalischen, biologischen,

---

[1]) Welzel, Lb., 6. Aufl., S. 51 f.

[2]) Lb., 6. Aufl., S. 65: „deskriptive" Tatumstände sind solche, die „sinnlich wahrnehmbar" sind.

[3]) Lb. 1954, S. 92; „Das Vorhandensein dieser Merkmale läßt sich mit unseren Sinnen unmittelbar ohne weiteren Denkprozeß feststellen."

physiologischen, assoziationspsychologischen Fakten — zu ihm gehört vielmehr in erster Linie das ganze höhere geistige Leben mit seinen konkreten Wertbeziehungen"[1]). Nur der Entdeckertaumel des positivistischen Zeitalters konnte aus diesem komplexen Gegenstand die „sinnenfällige" Seite herausreißen und verabsolutieren. Seit der Überhöhung des positivistischen Denkens durch die neukantische Wertphilosophie und seit seiner Überwindung durch die phänomenologische Wertforschung herrscht jedenfalls darüber Einigkeit, daß die von den Rechtssätzen intendierte Welt zwei Pole oder Dimensionen hat: die natürliche Dimension und die menschlich-soziale, kulturelle, geistige Dimension. In dieser Menschenwelt gibt es Steine nicht nur als Mineralien und somit als Gegenstände der Naturwissenschaft, sondern Menschengeist und Menschenhand schaffen sie um zu Statuen, Denkmälern, „Urkunden"[2]). In dieser Menschenwelt gibt es nicht nur die Vereinigung der Geschlechtsteile von beliebigen Männchen und Weibchen, sondern die „Ehe" als geordnete, totale, dauernde Lebensgemeinschaft von gleichzeitig sexueller, geistig-seelischer und auch wirtschaftlicher Art.

Aus dieser zweidimensionalen Welt sind die strafrechtlichen Tatbestände Ausschnitte, Teilansichten. Als was aber diese zweite Dimension anzusprechen ist, darüber herrscht noch keine Einigkeit. Besteht sie für die neukantianische Wertphilosophie — deren Repräsentant Erik Wolf schon weiter oben zu Worte kam — in einer begrifflich-methodologischen Umformung des Natürlichen durch die empirischen Subjekte, z. B. „im Gerichtssaal und am Schreibtisch des Forschers"[3]), so ist sie nach Welzel eine Seinskategorie, die das Sein zum wertigen Sosein stempelt[4]). In ähnlicher Weise spricht Nicolai Hartmann[5]) von dem „geistigen Gehalt" der „Objektivationen des Geistes", z. B. eines plastischen Kunstwerks, als von dem „Hintergrund" einer solchen Objektivation. Der zuletzt genannten Auffassung kann die Konzeption des Tatbestandes und seiner einzelnen Merkmale als „Beschreibung" von etwas Seiendem keine Schwierigkeiten bereiten, während es für die Neukantianer naheliegt, die Aufstellung eines Tatbestandes gerade als methodologische Umformung und komplementäre Überhöhung eines Natürlich-Realen anzusprechen.

Auf die Einseitigkeit, die darin liegt, daß Welzel in seiner Schrift „Naturalismus und Wertphilosophie . . ." nur die emotionalen „Haltungen" des Menschen zur Welt betrachtet, wurde schon hingewiesen[6]).

---

[1]) Welzel, Naturalismus, S. 74 (vgl. auch S. 38f., 64 ff.); s. ferner Welzel, Aktuelle Strafrechtsprobleme, S. 12; Engisch, Weltbild, vor allem S. 9—25; Freyer, Obj. Geist, S. 1 ff.

[2]) vgl. Freyer, a. a. O., S. 1.

[3]) Wolf, Typen, S. 60.

[4]) vgl. oben S. 45 ff.

[5]) Problem des geistigen Seins, S. 364.

[6]) vgl. oben S. 45 ff.

Der Gedanke freilich, eine zweite Seinsdimension der sozialen Welt in den Haltungen des menschlichen Geistes zu erblicken, erweist sich als durchaus fruchtbar, wenn man ihn dahin erweitert, daß alle Haltungen oder Betätigungen des Geistes an der Entstehung dieser „Welt“ mitschaffen[1]):

Als allgemeinste menschliche „Haltung“ die Sprache, durch die der Mensch die Lebenswelt „in das Eigentum des Geistes umschafft“, um mit Wilhelm v. Humboldt zu sprechen[2]). Durch die Sprache formt der Geist erst die Welt aus, „in deren geistiger Wirklichkeit das menschliche Tun sich abspielt“[3]).

Die irrational-emotionale „Haltung“, die sich in elementaren Akten des Vorziehens und Abstoßens, des gefühlsmäßigen Bejahens und Verneinens, des echten „Wertens“, kundtut, ist es, die z. B. (hic et nunc) die beischlafähnlichen Handlungen unter Männern zur „Unzucht“ „macht“.

Die rationale, theoretische oder praktische, ordnende „Haltung“, die wir in Recht, Staat, Wissenschaft, Wirtschaft, Politik usw. vor uns sehen, bewirkt, daß ein Stück Papier mit Schriftzügen eine „Urkunde“ oder ein „Wechsel“, ein Metallstück mit aufgeprägten Zeichen und Zahlen eine „Münze“, eine von A am Meeresstrand okkupierte Muschel für B eine „fremde Sache“ ist usw. — nicht nur, weil diese Gegenstände so genannt werden, sondern weil sie als soziale Objektivgebilde ihrem Sosein nach „Urkunde“, „Münze“ usw. sind.

Hegel[4]) drückt das Gemeinte so aus, daß der „Wille“ — nicht der Wille des Individuums, sondern der Wille als der überindividuelle „objektive Geist“[5]) — „tätig ist“, sich „in der äußerlich objektiven Seite zu realisieren, daß sie als eine durch jenen bestimmte Welt sei...“

Ein Blick auf das vielfältige und weitverzweigte Gebäude seiner Rechtsphilosophie und seiner Berliner Vorlesungen hierzu[6]), der Ausfaltung der in der Enzyklopädie skizzierten Philosophie des objektiven Geistes, zeigt, daß Hegel jede Betätigungsform des Geistes meint.

Freilich wäre es verfehlt, als die weltschaffenden Haltungen des Geistes die Stellungnahme der einzelnen empirischen Subjekte, etwa „im Gerichtssaal oder am Schreibtisch des Forschers“ (Erik Wolf), anzusehen. Es sind vielmehr die geschichtlichen und in einer konkreten Gemeinschaft hervortretenden Haltungen des „Gemeingeistes“, die wir „in Kultur, Sitte, Sprache, Denkform, Vorurteilen, herrschenden Wer-

---

1) dazu besonders Freyer, Obj. Geist. S. 34f.

2) vgl. Weisgerber, Das Gesetz der Sprache, S. 16 ff. (19), 20 ff.

3) a. a. O., S. 19.

4) Enzyklopädie, 5. Aufl., § 484.

5) s. darüber Lasson, Einleitung in Hegels Rechtsphilosophie, 3. Aufl., Seite XVIII—XXI mit Nachweisen.

6) die in den Gans'schen Zusätzen nur verkümmert wiedergegeben sind und die der Verfasser demnächst vollständig herausgeben wird.

tungen als überindividuelle und dennoch reale Macht kennen", jenes „Etwas, gegen das der Einzelne nahezu macht- und wehrlos dasteht, weil es sein eigenes Wesen ebenso durchdringt, trägt und prägt wie das Wesen aller anderen"[1]).

Es sind die Haltungen des gemeinsamen Geistes, der „über die Individuen weggeht, sie verbindet und trägt, den Boden ihres Wachstums und ihrer Differenzierung bildet"[2]) — kurz, die Haltungen des „objektiven Geistes".

Das einzelne Individuum findet diese soziale Welt in ihrer Zweidimensionalität vor. Am deutlichsten zeigt sich das am Phänomen der Muttersprache. Ihr tritt der einzelne gegenüber als einer realen Einheit von sicht- und hörbaren Sprachäußerungen und dem ihnen innewohnenden, durch die Haltung der Sprachgenossen bedingten Sinn, als einer „Welt des Geistes"[3]).

Was bisher über die zweidimensionale Struktur der sozialen „Menschenwelt" gesagt wurde, bezog sich auf diese Welt als Ganzes.

C

Die Gegenstände der Tatbestandsbeschreibung im einzelnen

I. Die eindimensionalen Merkmale.

Wendet man sich nunmehr ihren einzelnen Bestandstücken zu, auf die sich die Tatbestände beziehen, so kann man zunächst die evidente und keiner weiteren Erörterung bedürftige Tatsache feststellen, daß jedenfalls die überwiegende Anzahl von ihnen in sich die gleiche Zweidimensionalität aufweist, weil sie fast alle Gebilde von Menschenhand sind[4]) oder doch der Mensch oder die Menschengemeinschaft ihnen ihr soziales Sosein aufprägt. Diese Feststellung hat nichts zu tun mit der Lehre Erik Wolfs von der Normativität aller Tatbestandsmerkmale, da hier die Bestandstücke der sozialen Welt nicht als Produkte einer Umformung durch den Tatbestand betrachtet werden, sondern als das, was sie als vom Tatbestand beschriebene Objekte sind.

Aber die soziale Welt ruht auf der naturhaften als ihrem Fundemente auf, und diese reicht in jene hinein. So finden wir auch in den Tatbeständen nicht nur „Gebäude", „Kraftfahrzeuge", „Schriften", „Münzen", „Urkunden" in bezug genommen, sondern auch — allerdings in verhältnismäßig geringer Anzahl — Gegenstände, die der rein naturhaften

---

[1]) N. Hartmann, Hegel, Seite 300.

[2]) N. Hartmann, Geistiges Sein, Seite 152.

[3]) vgl. dazu Weisgerber, a. a. O., S. 17f. u. 22 ff.

[4]) aber Gebilde, die über ihre Schöpfer hinausgewachsen sind und ein Eigenleben entfaltet haben; vgl. Hartmann, Hegel, S. 301.

Seinsschicht angehören. Es seien aus dem Strafgesetzbuch mit dem Anspruch auf annähernde Vollständigkeit folgende Merkmale erwähnt:

„Vorsatz" (als psychische Tatsache überhaupt, unter Absehung von seinen Gegenständen); „Mann", „männliche Person" (§§ 175, 181a); „Frau" (§§ 176f., 236f.); „Mädchen" (§ 182); „Kind" (§§ 169, 170d); „Schwangerschaft", „Niederkunft" (§ 170c); „Mutter" (§ 217); „Leibesfrucht" (§ 218); „Töten" (§§ 211f.); „Tod" (§ 221); „Leichnam" (§ 367 Z. 1); „Gewalt" (§§ 240, 249 u. a.); „Alter", „Gebrechlichkeit", („ansteckende") „Krankheit" (§§ 221, 327); „Inbrandsetzen" (§§ 306 ff.); „Überschwemmung" (§ 312); „Dünen", „Fluß- und Meeresufer" (§ 366a); „wildes Tier" (§ 367 Ziff. 11); „Erde", „Lehm", „Steine", „Mineralien" (§ 370 Ziff. 2).

Man wird in dieser Aufzählung zwei zentrale Begriffe vermissen, nämlich „Mensch" in §§ 211f. und „Sache". — Heute würden wir nicht anstehen, den Begriff „Mensch" zu dem Kreis der naturhaft-eindimensionalen Merkmale zu rechnen. (Selbstverständlich ist der Begriff des Menschen mehrdimensional, wo der Mensch nicht als Objekt der Tötung, sondern wo — wie etwa in der philosophischen Anthropologie — diese körperlich-geistig-seelische Einheit als Gegenstand der Erkenntnis betrachtet wird.) Aber wenn man daran denkt, daß noch vor wenigen hundert Jahren ein theologischer Streit darüber herrschte, ob Indianer Menschen oder Tiere seien und ob auf ihre Tötung des 5. Gebot zutreffe oder nicht[1]), so wird man zögern zu sagen, daß es sich bei dem Begriff des Menschen allezeit um einen Begriff von rein Naturhaftem handele[2]).

Und was die „Sache", den „körperlichen Gegenstand" (§ 90 BGB) betrifft, so erschöpft sich ihr vom Tatbestand intendiertes soziales Sosein jedenfalls nicht in ihrer Körperlichkeit, sondern dieses wird erst durch das Moment der Beherrschbarkeit durch den Menschen konstituiert. Darum sind der Mond und die Sterne trotz ihrer Körperlichkeit jedenfalls keine „Sachen" — nicht nur nicht „Sachen im Rechtssinne", sondern auch nicht im natürlich-sozialen Sinne. Darum ist ferner das Beschädigen einer Sache (§ 303 StGB) mit nur natürlichen Kategorien nicht zu erfassen. Die Beeinträchtigung der Brauchbarkeit z. B. kann nur unter dem Gesichtspunkt der Art menschlicher Zweckbestimmung verstanden werden.

Es könnte scheinen, als fielen die eindimensionalen Begriffe von naturhaftem Sein mit den sogenannten „deskriptiven", d. h. „sinnlich wahrnehmbaren", Merkmalen Welzels, Rittlers u. a. oder den „in der Anschauung aufweisbaren" Merkmalen Engischs zusammen. Das trifft jedoch nicht zu. Jene Einteilungen der Tatbestandsmerkmale sind orientiert an der Art, wie ihre gegenständlichen Entsprechungen vom

---

[1]) ein Streit, der erst durch eine Bulle des Papstes Paul III. vom Jahre 1537 dahin entschieden wurde, daß man die Indianer als „veros homines" anzusehen habe.

[2]) vgl. hierzu das Kapitel „Der Mensch im Recht" in Engischs „Weltbild"

Richter oder vom Täter erkannt werden, während hier ihre Seinsstruktur innerhalb der sozialen Welt der Einteilung zugrundegelegt wird.

Die „sinnliche Wahrnehmbarkeit" und die „geistige Verstehbarkeit" als wesensmäßige Gegensätze zu behandeln, erscheint zumindest ungenau. Für den Vorsatz — und beim Vorsatz behandelt z. B. Welzel die Differenzierung in deskriptive und normative Tatbestandsmerkmale — ist es allemal erforderlich, daß der Täter den Gegenstand des Tatbestandsmerkmals erkannt, d. h. das sinnlich Wahrgenommene unter die Begriffskategorien des Verstandes gebracht hat. Zum Vorsatz der Tötung eines Menschen ist nicht nur erforderlich, daß der Täter den Menschen „sinnlich wahrgenommen" hat, sondern auch, daß er das Wahrgenommene auf Grund des in ihm liegenden Begriffs als einen „Menschen" erkannt hat. Wessen Geist so zerrüttet ist, daß er zu keinerlei Begriffsbildung imstande ist, und wer deshalb einen Menschen nicht von einem Stuhl unterscheiden kann[1]), der ist schon des Vorsatzes der Tötung eines Menschen unfähig. Zum Erkennen gehören nicht nur Anschauungen, sondern auch Begriffe. „Anschauungen ohne Begriffe sind blind, Begriffe ohne Anschauungen sind leer", sagt Kant.

Verstehen der Tatumstände ist also stets erforderlich. Was Welzel aber vorschwebt, ist der richtige Gedanke, daß es vom sinnlichen Wahrnehmen bis zum Verstehen der „deskriptiven" Merkmale, von der Anschauung zum Begriff, nur ein kurzer und einfacher Weg ist. Die Einreihung unter den Begriff ist hier so einfach, daß sie sich gleichsam von selbst vollzieht, so daß mit der „sinnlichen Wahrnehmung" das „Verstehen" hier sozusagen automatisch eintritt. In den Fällen der „geistig verstehbaren" Merkmale dagegen ist der Schritt von der sinnlichen Anschauung zum Verstehen des Sinngehalts schwieriger und komplizierter und wird uns deshalb als besondere Stufe des Erkenntnisprozesses bewußt. Das kann aber nicht darüber hinwegtäuschen, daß wir es hier nur mit einem Gradunterschied des Verstehens, nicht mit einem Artunterschied zu tun haben.

Während also Welzel ein „Haus" oder ein „Kraftfahrzeug" zu den deskriptiven Merkmalen rechnen würde, weil sie „sinnlich wahrnehmbar" sind, d. h., weil die Erkenntnis sich an die sinnliche Wahrnehmung hier unmittelbar anschließt, gehören sie als „künstliche" Gebilde von Menschenhand nicht zu unserer oben beschriebenen Gruppe der nur naturhaften eindimensionalen Tatbestandsmerkmale.

Auf die Schwierigkeiten, die auch die eindimensionalen Merkmale der Auslegung bieten können, und auf die ihnen zuweilen innewohnende

---

[1]) was z.B. bei der schweren Idiotie oder der schweren organischen Demenz der Fall ist, wo „nur noch ein Körper vegetiert" und das „Seelenleben dem tierischen ähnelt" (Karl Jaspers, Allgemeine Psychopathologie, 5. Aufl., S. 183 f.); bei solchen Kranken „bleibt alle Erfahrung im sinnlichen Einzelerlebnis stecken, . . . es werden keine Begriffe erfaßt", das Realitätsbewußtsein ist „nur von zufälligen Eindrücken geleitet", (Jaspers a.a.O.)

„Unbestimmtheit“ wurde schon oben hingewiesen[1]). Diese Schwierigkeiten sind aber nichts den eindimensionalen Begriffen Eigentümliches, sondern sie haften notwendig allen Begriffen an, die nicht die Wissenschaft zum Zwecke der Definition, d. h. der Grenzziehung, sondern die, um mit Zitelmann[2]) zu sprechen, „das gewöhnliche Leben“ gebildet hat. Diese Begriffe, „mit denen der Mensch tatsächliche Gegenstände, Vorkommnisse, Beziehungen denkt, sind zum größten Teil nur Allgemeinvorstellungen mehr oder minder unbestimmten Inhalts, d. h. wir sind zwar sicher, daß einige Dinge unter diesen Begriff fallen, können aber ein völlig scharfes Merkmal, durch das sich der Kreis der unter ihn gehörigen Dinge genau abgrenzen ließe, nicht angeben. Und wie könnte das anders sein? Sind doch die Dinge der Wirklichkeit nicht durch strenge Schranken reinlich voneinander getrennt, sondern durch unmerkliche Übergänge miteinander verbunden. Wo ist z. B. die Grenze, von der ab man bei anomalen psychischen Zuständen von Krankheit reden kann . . . ?“

Wegen der Einfachheit der von den eindimensionalen Merkmalen intendierten Sachverhalte bietet der Vorsatz bei ihnen keine besonderen Probleme, wenn man berücksichtigt, daß es für den Vorsatz nicht auf die richtige Subsumtion, d. h. die richtige, der Gesetzessprache entsprechende Benennung, ankommt, sondern nur auf die Erkenntnis des sachlichen Gehalts dieser Begriffe[3]).

Alle anderen — d. h. die weitaus meisten — Objekte der Tatbestandsbeschreibungen sind dagegen zweidimensional wie die soziale Welt als Ganzes, d. h. ihre Seinsstruktur ist ebensosehr bestimmt durch die Haltung des Geistes zu ihnen wie durch ihr naturhaftes Sein. Die Tatbestände beschreiben aber jene Objekte, wie sie sind; die Beschreibung erfaßt das Beschriebene nicht nur in seiner naturhaften, sondern auch in seiner sozial-kulturellen Dimension. Die Zweidimensionalität ist somit den weitaus meisten Tatbestandsmerkmalen eigentümlich. Zweidimensional in diesem Sinne sind demnach auch Tatbestandsmerkmale wie „Sache“, „Gebäude“, „Kraftfahrzeug“ und alle anderen Merkmale, die Artefakta beschreiben.

Eine Unterscheidung der zweidimensionalen Tatbestandsmerkmale ergibt sich aus der Art der für die beschriebenen Objekte konstitutiven und in die Tatbestandsbeschreibung aufgenommenen Haltungen des objektiven Geistes. Diese sind entweder emotional-irrational oder aber rational: Eine emotionale, durch Vernunft und Verstand nicht weiter auflösbare Haltung, eine Werthaltung, bestimmt, was z. B. „unzüchtig“ oder „schamverletzend“ ist. Der Kreis der hierher gehörigen Merkmale ist, wie schon oben[4]) hervorgehoben wurde, verhältnismäßig klein. Sie sollen

---

[1]) s. oben S. 38f.
[2]) Die Kunst der Gesetzgebung, S. 32.
[3]) vgl. oben S. 24ff.
[4]) s. S. 39f.

im folgenden „echte Wertmerkmale“ genannte werden. Diejenigen Merkmale, welche die durch rationale Haltungen in ihrem kulturellen Sosein konstituierten Gegenstände beschreiben, werden dagegen als „Sinnmerkmale“ bezeichnet.

II. Die echten Wertmerkmale.

1. Wenn wir also die Wertmerkmale dahin bestimmt haben, daß sie Beschreibungen von Naturhaftem samt den ihm entgegengebrachten emotionalen Werthaltungen der Gesellschaft sind, so bleibt für eine Auffassung, die in ihnen eine ausdrückliche Ermächtigung des Richters zu einer „Eigenwertung“, einem eigenen „ergänzenden Werturteil“ oder gar zur Ausübung seines „Ermessens“ sieht, kein Raum. Vielmehr folgt aus dem Wesen der Merkmale als Beschreibungen von etwas, daß der Richter festzustellen hat, ob das abstrakt Beschriebene — und dazu gehört auch die „Werthaltung“ — konkret vorliegt, ob also z. B. eine Handlung vorliegt, welche die Rechtsgemeinschaft überwiegend als „unzüchtig“ oder „unanständig“ wertet[1]. Nicht seine persönliche Auf-

---

[1]) Und zwar kommt hier von vornherein nur ein ganz eng umgrenzter Kreis von Handlungen in Betracht: solche Handlungen nämlich, die 1. objektiv auf geschlechtlichem Gebiet liegen und 2. subjektiv von einer wollüstigen Tendenz getragen sind (vgl. statt vieler Mezger in LK, 6./7. Aufl., Bem. 2) b) β) vor § 173. Nur auf solche Handlungen ist das Werturteil „unzüchtig“ überhaupt anwendbar. Daß das Merkmal „unzüchtig“ zunächst diesen realen, durch objektive und subjektive Momente sachlich fest umrissenen Kern der bestimmt gearteten Handlung und nur in Verbindung damit das Vorliegen des auf diesen Handlungskern bezogenen Werturteils der Rechtsgemeinschaft beschreibt — dies macht den Begriff erst zu einem Tatbestandsmerkmal, das der Forderung des § 2 StGB nach sachlicher Umschreibung des verbotenen Verhaltens Genüge tut. Dieser sachliche Kern des Unzuchtsbegriffs gibt dem Merkmal feste Konturen: Mag das Werturteil darüber, was unzüchtig ist, im einzelnen auch noch so schwankend sein und die Feststellung seines Inhaltes sich der richterlichen Fixierung widersetzen (vgl. u. S. 99ff.) — stets handelt es sich um ein Urteil aus einem bestimmten Lebensbereich und über eine bestimmte innere Einstellung, ein gegenstandsgebundenes Urteil. Das Gesetz gibt mit dem Unzuchtsbegriff selbst dem Richter eine Voraussetzung des Rechtswidrigkeitsurteils an, des Urteils über die gesamte im Tatbestand beschriebene Handlung, die außer durch das Merkmal der Unzüchtigkeit gekennzeichnet ist durch weitere Merkmale wie „. . . mit Kindern unter 14 Jahren“ usw. (vgl. dazu o. S. 23f., 60f., 82ff.). Das Unzuchturteil der Gesellschaft ist seinerseits Voraussetzung des vom Gesetz abstrakt, vom Richter in concreto ausgesprochenen Rechtswidrigkeitsurteils.

Ganz anders verhält es sich mit dem Begriff „verwerflich“, wie er in §§ 240, 253 Abs. 2 StGB verwendet ist. Dieser Begriff enthält überhaupt keinen sachlichen Kern, sondern ein reines Werturteil. Es fehlt ihm an jeder Konkretisierung seines Inhalts durch die Bindung an einen sachlich begrenzten Lebensbereich. Jede denkbare menschliche Handlung auf jedem Lebensgebiet ist fähig, dem Urteil „verwerflich“ unterworfen zu werden. Das Gesetz bietet mit diesem Begriff dem Richter keine sachlich irgendwie fixierbare Voraussetzung des Rechtswidrigkeitsurteils an, sondern überträgt die sonst von ihm selbst durch Angabe von sachlichen Merkmalen wahrgenommene Aufgabe festzulegen, was rechtswidrig ist bzw. sein kann (vgl. o. S. 84ff.), auf den Richter. Das Urteil „verwerflich“ ist also im Gegen-

fassung also entscheidet, nicht sein eigenes Gewissen; er ist nicht zu einer eigenen Stellungnahme berufen, sondern lediglich dazu, die Stellungnahme derjenigen Instanz festzustellen, deren Entscheidungen überhaupt den Inhalt des Begriffs „unzüchtig" bestimmen. Das aber ist „die Gesellschaft, die öffentliche Meinung der unter einer Rechtsordnung vereinten Menschen"[1]).

Daß diese Auffassung keine graue Theorie ist, sondern daß auch die Rechtsprechung sich von ihr leiten läßt, zeigt z. B. das Urteil des Bundesverfassungsgerichts v. 10. 5. 1957[2]). Das Bundesverfassungsgericht führt zu der Frage, ob die unqualifizierte gleichgeschlechtliche Betätigung von Männern als unsittlich anzusehen sei, u. a. folgendes aus: „Das persönliche sittliche Gefühl des Richters kann hierfür nicht maßgebend sein; ebensowenig kann die Auffassung einzelner Volksteile ausreichen. Von größerem Gewicht ist, daß die öffentlichen Religionsgesellschaften, insbesondere die beiden großen Konfessionen, aus deren Lehren große Teile des Volkes die Maßstäbe für ihr sittliches Verhalten entnehmen, die gleichgeschlechtliche Unzucht als unsittlich verurteilen. ... Nicht darauf kommt es an, auf Grund welcher geschichtlichen Erfahrungen ein sittliches Werturteil sich gebildet hat, sondern nur darauf, ob es ... anerkannt wird und als Sittengesetz gilt ..."

Ähnlich äußern sich zwei Entscheidungen der Oberlandesgerichte Tübingen[3]) und Düsseldorf[4]). Diese Entscheidungen gehen davon aus, daß für die Frage, ob der Geschlechtsverkehr unter Verlobten als „Unzucht" i. S. der Kuppeleitatbestände anzusehen sei, nicht ein Werturteil des Richters, sondern die Auffassung der Volkskreise maßgebend sei, in denen sich der Vorgang abspiele. Das erstere Urteil macht zunächst die Einschränkung, es komme auf die „gesunde" Volksanschauung an, was wiederum ein richterliche Wertung einschließt. Die Einschränkung wird aber im Verlaufe der Ausführungen des Urteils fallengelassen.

---

satz zu dem Urteil „unzüchtig", das sachliche Voraussetzungen des Rechtswidrigkeitsurteils enthält, das Rechtswidrigkeitsurteil selbst. Darum ist es auch unmöglich, die Verwerflichkeit der Zweck-Mittel-Relation in § 240 StGB als Tatbestandsmerkmal zu deuten. Man beginge damit wieder den inzwischen seit Jahrzehnten überwundenen Fehler, aus der Hervorhebung des Wortes „rechtswidrig" in einer Strafbestimmung (vgl. § 240 Abs. 1) den Schluß zu ziehen, die Rechtswidrigkeit gehöre zum Tatbestand (vgl. o. S. 70). Ebenso unmöglich wäre es aber auch, den Begriff „verwerflich" dadurch zum Tatbestandsmerkmal zu machen, daß man § 240 eine andere Fassung gäbe, etwa: „Wer einen anderen mit Gewalt ... nötigt, obwohl die Anwendung der Gewalt ... verwerflich ist, ...". Dadurch würde die „Offenheit" des Tatbestandes nicht beseitigt, eben weil der Begriff der Verwerflichkeit kein Tatbestandsmerkmal ist, das dem Tatbestand der Nötigung festere Konturen geben könnte. — Die gleichen Erwägungen würden für die Verwendung des Merkmals „verwerflich" in irgendeiner anderen Strafbestimmung gelten.

[1]) Drost, Ermessen des Strafrichters, S. 25; vgl. Jellinek, Gesetz, S. 40.

[2]) NJW 57/865 ff.

[3]) DRZ 50/163

[4]) NJW 50/959

2. Diese Auffassung von der Relativität der Wertanschauungen freilich, die von Max Scheler bekämpfte „hartnäckige Überzeugung der Philosophie fast der ganzen modernen Welt“[1]), wird aufs schärfste verurteilt durch den Beschluß des Großen Senats des Bundesgerichtshofs für Strafsachen v. 17. 2. 1954[2]). Der Bundesgerichtshof wirft ihr vor, sie überantworte die Frage, „welche sittlichen Normen die Beziehungen der Geschlechter, insbesondere die der Verlobten, beherrschen, einem inhaltlosen Relativismus, der zerstörerisch ist . . .“[3]). Nicht auf „die bloße Sitte, die bloße Konvention,“ sei der Richter hier verwiesen, sondern auf die unabhängig von den Anschauungen der Menschen „aus sich selbst heraus“ existierende „sittliche Ordnung“, auf die „vorgegebene und hinzunehmende Ordnung der Werte“. „Die sittliche Ordnung will, daß sich der Verkehr der Geschlechter grundsätzlich in der Einehe vollziehe, weil der Sinn und die Folge des Verkehrs das Kind ist.“ Durch diese „vorgegebene“ sittliche Ordnung sei „dem Menschen die Einehe als Lebensform gesetzt“. „Indem das Sittengesetz dem Menschen die Einehe und die Familie als verbindliche Lebensform gesetzt und indem es diese Ordnung auch zur Grundlage des Lebens der[4]) Völker und Staaten gemacht hat, spricht es zugleich aus, daß sich der Verkehr der Geschlechter grundsätzlich nur in der Ehe vollziehen soll und daß der Verstoß dagegen ein elementares Gebot geschlechtlicher Zucht verletzt.“[5]).

a) Damit ist ein apriorischer, von der Anerkennung durch die Menschen eines bestimmten Volkes in einer bestimmten Zeit ganz und gar unabhängiger Maßstab für die geschlechtliche Zucht aufgestellt. Auch die Einehe wird rein apriorisch als die einzig sittliche Form der Geschlechtsverbindung, als „vorgegebene und hinzunehmende Ordnung der Werte“ hingestellt.

Auch nach der Meinung des Bundesgerichtshofs ist der Richter also bei der Feststellung, ob eine „unzüchtige“ Handlung vorliegt, nicht auf sein eigenes Werturteil verwiesen, sondern auf eine absolute, an sich existierende Wertordnung, die — und das ist das Überraschende an dem Urteil! — als unmittelbar einsichtig vorgestellt ist.

b) Den Hintergrund für diese Auffassung bilden, worauf Weischedel[6]) zutreffend hingewiesen hat, die Prinzipien der materiellen Wertethik Max Schelers und Nicolai Hartmanns, die die Ethik statt auf den formalen kategorischen Imperativ Kants, „jene furchtbar erhabene Formel in ihrer Leere“[7]), auf materiale Prinzipien, die evidenten

---

[1]) Scheler, Formalismus in der Ethik, 4. Aufl., S. 279

[2]) JZ 54/508 ff. = BGH 6/13 ff.

[3]) JZ 54/509

[4]) aller? Auch heute noch gibt es etliche Völker und Staaten, die nicht die Einehe zur Grundlage des Familienlebens haben!

[5]) a.a.O., S. 510

[6]) Recht und Ethik, S. 19ff.

[7]) Scheler, Formalismus, S. 30.

„Werte“, wie z. B. Tapferkeit, Nächstenliebe, Heiligkeit, gründen wollen. Sie gehen davon aus, daß die Erkenntnis dieser Werte und — was noch bedeutsamer ist — ihrer Rangordnung, ihres „Höher- und Niedrigerseins“, sich unmittelbar „im Fühlen, Vorziehen, Lieben und Hassen wesensnotwendig vollzieht“[1]) kraft einer „eigenen Evidenz“. Diese emotional-apriorische Werterkenntnis ist nach Scheler[2]) „eine Erfahrungsart, deren Gegenstände dem ‚Verstande‘ völlig verschlossen sind; für die dieser so blind ist wie Ohr und Hören für die Farbe — eine Erfahrungsart aber, die uns echte objektive Gegenstände, und eine ewige Ordnung zwischen ihnen, zuführt, eben die Werte, und eine Rangordnung zwischen ihnen. Und diese Ordnung und die Gesetzes dieses Erfahrens sind so bestimmt, genau und einsichtig, wie jene der Logik und Mathematik; d. h. es gibt evidente Zusammenhänge und Widerstreite zwischen den Werten und den Werthaltungen und den darauf sich aufbauenden Akten des Vorziehens usw., auf Grund derer eine wahre Begründung sittlicher Entscheidungen und Gesetze für solche möglich und notwendig ist“.

Die Behauptung der unmittelbaren Evidenz der Wert- und Wertrangerkenntnis muß nun schon sehr fragwürdig erscheinen, wenn man bedenkt, daß bereits zwei so verwandte Denker wie Scheler und Hartmann in der Aufstellung einer Tafel der Werte und vor allem in der Aufstellung einer Rangordnung zwischen den Werten zu ganz verschiedenen Ergebnissen gelangen. So weiß Hartmann nichts von dem für Scheler unmittelbar evidenten Wert des „Heiligen“ und schon gar nicht von dessen Rang als „letzter und oberster Wertqualität“[3]); vielmehr erkennt er überhaupt „keinen obersten Einheitswert“ an[4]). — Verwendet Scheler das Kriterium der „Werthöhe“ als Vorzugsmaßstab — sinnliche, vitale, geistige und religiöse Werte seien einander in der Reihenfolge der Aufzählung evidentermaßen übergeordnet —, so erklärt Hartmann, die „Wertstärke“ trete als „gleich gewichtiger Gesichtspunkt der Abstufung“ neben die Werthöhe[5]):

„Der höhere Wert ist allemal der bedingtere, abhängigere und in diesem Sinne schwächere, seine Erfüllung ist sinnvoll nur, soweit sie sich über der Erfüllung der niederen Werte erhebt. Der unbedingtere, elementarere und in diesem Sinne stärkere Wert aber ist allemal der niedere...“[6]) — Aber: „Der niedere Wert ist nicht etwa wertvoller als der höhere. Das Höhersein bedeutet vielmehr gerade das Wertvollersein. Wohl aber ist er der fundamentalere, derjenige, der unbedingter gilt, weil seine Er-

---

[1]) a. a. O., S. 88, 90.

[2]) a. a. O., S. 269 im Anschluß an Blaise Pascals Gedanken vom „ordre du coeur“ und der „logique du coeur“.

[3]) Scheler, a. a. O., S. 306.

[4]) Ethik, 3. Aufl., S. 293.

[5]) a. a. O., S. 607.

[6]) a. a. O., S. 602.

füllung ... die Bedingung ist für die Erfüllung auch der höheren ... Dem Hungernden oder körperlich Leidenden vergeht der Sinn für geistige Genüsse ..."[1]).

Diese beiden Vorzugsgesetzlichkeiten sind aber einander entgegengesetzt, und so entsteht eine „Antinomie des Wertvorzugs". Hartmanns Aussagen über die „Synthese beider Vorzugstendenzen" erschöpfen sich aber in so allgemeinen Formeln wie der folgenden: „Die niederen Werte als solche widerstreiten den höheren nicht, nur der Vorzug ihrer Erfüllung widerstreitet dem Vorzug der höheren ... Wer die Höhe wahrhaft will, muß zu allererst die Fundamente wollen"[2]).

Welzel[3]) stellt mit Recht fest, daß die entscheidende Frage ungelöst bleibt, „in welchem Falle der höhere Wert dem niederen und in welchem Falle der niedere dem höheren vorzuziehen ist, und wo die Grenze verläuft, jenseits deren der geistige Wert auch dem Lebenswert nicht mehr geopfert werden darf".

Und ein Blick auf die verschiedenen Zeitalter und Kulturen zeigt, daß die ethischen, ästhetischen usw. Wertvorstellungen der menschlichen Gemeinschaften unendlich verschieden sind und doch alle den Anspruch auf Anerkennung erheben. So wäre, um nur ein Beispiel aus unserem eigenen Kulturkreis zu nennen, vor 50 Jahren sicherlich die Ausstellung mancher modernen illustrierten Zeitschrift mit Abbildungen spärlich bekleideter, kecker Filmdiven, die heute ohne Anstoß hingenommen werden, als „Feilhalten unzüchtiger Abbildungen" im Sinne von § 184 Ziff. 1 StGB angesehen worden — und zwar nicht, weil damals die „absolute Wertordnung" eine andere war — sie ist unveränderlich —, sondern weil die Einstellung der Menschen eine andere war. Ähnliches gilt in noch weit höherem Maße von den unterschiedlichen Wertüberzeugungen verschiedener Kulturkreise.

Auch Schelers an Hegels Geschichtsphilosophie orientierter Gedanke der Geschichtlichkeit der Erfassung der absoluten Werte und des geschichtlichen Fortschreitens zu immer höheren Wertentdekkungen, bis schließlich im Christentum die „Heiligkeit" als höchster Wert entdeckt worden sei, kann der materialen Wertethik nicht zur Rettung dienen, denn er steht unter der unerweislichen und, wie gesagt, für Nicolai Hartmann schon nicht mehr evidenten Voraussetzung, daß die „Heiligkeit" überhaupt der höchste Wert sei und daß alle geschichtlichen Werthaltungen anderer als christlicher Art nach dem Eintritt des Christentums in die abendländische Welt — Aufklärung oder Vitalismus etwa — nur „Wert- und Vorzugstäuschungen" seien, „Fälschungen und Umstürze von früher den objektiven Wertrangordnungen bereits angemessenen ethischen Beurteilungsformen und Maßstäben", „Täu-

---

[1]) a. a. O., S. 604.
[2]) a. a. O., S. 611.
[3]) Naturrecht, S. 181.

schungen . . ., die zur Herrschaft eines falschen Ethos und ihm entsprechender ‚Scheinwerte‘ führen“[1]).

3. So scheitert die an Scheler und Hartmann anknüpfende Auffassung des Bundesgerichtshofs letzten Endes an der naiven Frage, woher sie denn die Gewißheit nehme, daß die von ihr behauptete „Ordnung der Werte“ wirklich die einzig „vorgegebene und hinzunehmende“ sei. Die Antwort, die ein Vertreter dieser Auffassung auf diese Frage zu geben vermag, kann immer nur lauten, daß die Wert(rang)ordnung ihm evident sei — worin für einen anderen, bei dem diese Evidenz sich nicht einstellen will, keinerlei Verpflichtungskraft liegt. „Im Ergebnis läuft der Wertrealismus . . . auf dasselbe hinaus, was auch der Wertrelativismus behauptet: die subjektive Bedingtheit aller Werterkenntnis“[2]), und eine Rechtsprechung wie die des Bundesgerichtshofs setzt lediglich die subjektiv bedingte Wertschau, das „Wertfühlen“ des Richters an die Stelle der ebenfalls nicht nach absoluten, apriorischen Maßstäben gebildeten Wertüberzeugungen der Mehrzahl der Rechtsuntertanen.

a) Nun ist zwar zuzugeben, daß es schwierig sein kann, die herrschenden Wertanschauungen einer Schicht oder eines Volkes festzustellen, und daß darüber bei verschiedenen Richtern verschiedene Anschauungen bestehen können und oft bestehen werden. Aber die Schwierigkeiten, vom „ansichseienden“ Ideen- oder Wertehimmel abzulesen, was z. B. „unzüchtig“ ist, und die Verschiedenartigkeit der darüber bestehenden Auffassungen jener, die alle die absolute Wert(rang)ordnung evident in sich zu fühlen behaupten, sind gewiß nicht geringer, und die notwendig zutagetretende „Subjektivität“ ist ebenso gewiß noch größer.

Und mit welchem Recht könnte ein Revisionsrichter die tatrichterliche Beurteilung eines Verhaltens als „unzüchtig“ durch eine andere Beurteilung ersetzen, wenn der Tatrichter sich auf die unmittelbare Evidenz der absoluten Wertgeltung in seinem Fühlen beruft? Nach der „relativistischen“ Auffassung, die den Maßstab in den hic et nunc vorhandenen Wertvorstellungen der Gesellschaft erblickt, hat der Revisionsrichter jedenfalls die Möglichkeit, zu prüfen, ob der Tatrichter sein subjektives Werturteil hat walten lassen, oder ob er jenen „objektiven“ Maßstab angelegt hat — und ob er ihn richtig angelegt hat. Nur diese Auffassung kann die Revisibilität der Wertmerkmale, die kaum je bezweifelt worden ist, überzeugend erklären.

Eine andere Frage ist es demgegenüber, ob der Richter nur an die reine Faktizität des soziologischen „Meinungsstandes“ gebunden ist, oder ob er nicht Auffassungen zu Einzelfragen, die in Widerspruch zu anerkannten Grundauffassungen stehen, im Interesse der Durchsetzung der letzteren unberücksichtigt lassen darf. Faßt man z. B. im Gegensatz zum

---

[1]) Scheler, a. a. O., S. 320, 322. Hervorhebung vom Verfasser.

[2]) Sax, JZ 54/476.

Bundesgerichtshof die in der Einehe verwirklichte Ordnung der Geschlechtsbeziehungen und der Erzeugung und Erziehung der Kinder als das Produkt einer kontingenten Wertentscheidung im Jetzt und Hier auf, der sich offenbar die meisten Menschen unserer Zeit und unseres Kulturkreises anschließen oder doch fügen, so stellt sich die Frage, ob sich nicht aus dieser (relativen) grundsätzlichen Wertentscheidung die „Unzüchtigkeit" des Geschlechtsverkehrs unter Verlobten deshalb herleiten läßt, weil er — als nicht im Dienste der Erzeugung und Erziehung von Kindern stehend — in Widerspruch mit eben jenem anerkannten Grundsatz der Einehe steht.

Die Frage bejahen heißt nicht, zu Mezgers Formel von der „Eigenwertung" des Richters zurückkehren. Denn der Richter denkt hier nur ein fremdes Werturteil mit logischen Mitteln zu Ende; er zieht nur die logischen Konsequenzen aus der Werthaltung einer außer ihm stehenden Instanz.

Mit dieser Begründung kann das Ergebnis des Bundesgerichtshofs von der Unzüchtigkeit des Verlobtenbeischlafs gerechtfertigt werden. Auf die Frage, ob auch die Statuierung von Ausnahmen, die der Bundesgerichtshof vornimmt, von seinem Standpunkt aus gerechtfertigt werden kann, oder ob nicht vielmehr „die unbedingte Geltung der ethischen Norm" keine Ausnahme duldet, soll hier nicht weiter eingegangen werden[1]). Nur soviel sollte hier gezeigt werden, daß die „wertabsolutistische" Einstellung des Beschlusses vom 17. 2. 1954 weder theoretisch — im Hinblick auf die Subjektivität des apriorischen Wertfühlens —, noch praktisch — im Hinblick auf die Frage der Revisibilität — aufrechterhalten werden kann.

b) Die Schwierigkeiten der hier entwickelten Auffassung werden dabei nicht verkannt, vor allem nicht die Schwierigkeit, daß der Inhalt der herrschenden Wertüberzeugungen im Einzelfall oft schwer oder auch überhaupt nicht sicher greifbar ist, und daß hier zuweilen de facto die Subjektivität des Richters an die Stelle des Werturteils der Gemeinschaft tritt. Diese Erscheinung wird hier aber verstanden als ein Mangel, ein Zurückbleiben hinter der Idee des Gesetzes, nach welcher es theoretisch für den Richter nur eine, die objektiv richtige, weil aus den Werthaltungen der Gesellschaft objektiv ablesbare Antwort auf die Frage gibt, ob ein Verhalten „unzüchtig", eine Körperverletzung „entstellend" ist, usw. Aus ähnlichen Erwägungen heraus hat die verwaltungsrechtliche Literatur sich schon seit langem bemüht, immer mehr „Ermessensbegriffe" als sogenannte „unbestimmte Rechtsbegriffe" zu verstehen, bei deren Verwendung das Gesetz davon ausgehe, daß im konkreten Falle nur eine Entscheidung die richtige sein könne. Das Zu-Ende-Denken des unbestimmten Rechtsbegriffs durch den Verwaltungsbeamten wird nicht

[1]) vgl. dazu Sax, JZ 54/474.

als Ermessensausübung, sondern als Rechtsanwendung angesehen, so daß verwaltungsgerichtliche Nachprüfung im vollen Umfange möglich ist[1]).

Grünhut, Mezger, Eichmann und Erik Wolf dagegen bleiben bei dem durch die Erfahrung gewonnenen Ergebnis stehen, daß sich im Bereiche der Wertmerkmale subjektive, einander widersprechende Auffassungen verschiedener Richter finden, und sanktionieren es, indem sie das Gesetz so deuten, als billige es jenes Ergebnis durch Einräumung eines richterlichen Ermessensspielraumes, innerhalb dessen dann jede Stellungnahme des Richters „auf weltanschauliche Grundlage" gleich „richtig" sein muß. Sie halten die „Ungenauigkeit" der Wertmerkmale für eine vom Gesetzgeber bewußt gewählte Methode, durch die er mit Absicht sein Unwerturteil auf den Richter delegieren wolle, und übersehen dabei, daß hier das Was, der Gegenstand der Beschreibung, nämlich die Werthaltungder Rechtsgemeinschaft, es ist, welcher das Wie bestimmt, und daß die Begriffe unscharf sein müssen, weil das, was sie beschreiben, dauernder Wandlung unterliegt und daher unscharf ist.

Daß es mit der Garantiefunktion des rechtsstaatlichen Tatbestandes unvereinbar ist, einen Teil seiner Begriffe als Ermessensbegriffe anzusehen, wird von Mezger nicht verkannt. Er begnügt sich aber damit, hier eine Diskrepanz zwischen den Anforderungen, die der rechtsstaatliche Tatbestandsbegriff an den Gesetzgeber stellt, und den wirklichen Tatbeständen festzustellen, ohne den Versuch einer Interpretation zu unternehmen, die die Wertmerkmale anders denn als Ermessensbegriffe auffaßt.

Der Streit darüber, wie die Wertmerkmale auszulegen seien, hat nicht nur theoretische, sondern auch eine eminent praktische Bedeutung[2]) (auf die allerdings vor Engisch nur Grünhut kurz zu sprechen gekommen war). Wenn man nämlich mit der Behauptung, das „Ermessen" oder das „subjektive Wertwissen" des Richters entscheide über das Vorliegen oder Nichtvorliegen der Voraussetzungen eines Wertmerkmals, wirklich Ernst macht, dann muß man konsequenterweise alle diese Merkmale grundsätzlich von der Revisibilität ausnehmen und kann eine Revision nur noch insoweit zulassen, als ein Ermessensmißbrauch in Betracht kommt. Denn darin besteht ja gerade das Wesen der Ermessenseinräumung, daß das Gesetz mehrere persönliche Entscheidungen verschiedener Rechtsanwender — soweit sie nicht mißbräuchlichen Cha-

---

[1]) vgl. z. B. Jellinek, Gesetz, S. 36; ders. Verwaltungsrecht, 3. Aufl., S. 30ff.; R. v. Laun, Das freie Ermessen, 1910; aus der neueren Literatur: Forsthoff, Verw.-Recht, 3. Aufl., S. 74ff.; v. Turegg, 2. Aufl., S. 27ff.; Huber, Wirtschaftsverwaltungsrecht, Bd. II, 2. Aufl., S. 652ff.; H. J. Wolff, Verw.-Recht, S. 144ff.; Redding, DÖV 54/365ff.; Bachof, JZ 55/97ff.; Ule, Jellinek-Ged.-Schrift, S. 309ff.; vor allem: Reuss, DVBl. 53/585ff. und 649ff.

[2]) Sie zeigt sich besonders deutlich im Verwaltungsrecht, weil durch die Antwort auf die Frage: Ermessens- oder unbestimmter Rechtsbegriff? der Umfang des verwaltungsgerichtlichen Rechtsschutzes gegen Verwaltungsakte bestimmt wird.

rakter haben — als gleich richtig anerkennt und damit der Überprüfung entzieht.

Diese Konsequenz würde aber in eklatantem Widerspruch zu § 337 StPO stehen, der die Revision zuläßt, wenn das Gesetz nicht oder nicht richtig angewendet ist. Es kann aber nicht zweifelhaft sein, daß zur Prüfung dieser Frage nicht nur die Kontrolle des richterlichen Syllogismus als solchen gehört, sondern auch die Kontrolle des dem Syllogismus logisch vorangehenden richterlichen Denkaktes der Feststellung von Inhalt und Umfang der anzuwendenden Rechtsbegriffe, denn auch dieser Denkakt ist ein Teil der Rechtsanwendung, die § 337 StPO uneingeschränkt für revisibel erklärt[1]).

So hat denn auch die Rechtsprechung — soweit ersichtlich — niemals die Revisibilität der Wertmerkmale mit der Begründung verneint, sie seien Ermessensbegriffe und daher der Revision nicht fähig.

4. Nachdem wir das Verhältnis des Richters zu den Wertmerkmalen betrachtet haben, obliegt es uns nunmehr, die Stellung des Täters zu ihnen zu untersuchen. Wie muß der Vorsatz bezüglich der Wertmerkmale beschaffen sein?

Die Lehrbuch- und Kommentarliteratur verhält sich zu dieser Frage recht schweigsam, und die Rechtsprechung bietet verhältnismäßig wenige Beispiele. Soweit sich die Literatur — meistens bei dem Merkmal der Unzüchtigkeit — überhaupt dazu äußert, herrscht die Auffassung vor, der Täter müsse die maßgebliche gesellschaftliche Bewertung auch selbst, als eigenes Werturteil, vollzogen haben. Das ist vor allem die Meinung von Eichmann, wenn er zum Vorsatz der Vornahme einer unzüchtigen Handlung (§§ 174, 176 StGB) zumindest eine Vorstellung für erforderlich hält, die in die Richtung der Erkenntnis der Rechtsgutverletzung weist[2]). Ähnlich schreibt Maurach[3]): „Der Unzüchtigkeit seiner Handlung ist sich ... bewußt, wer weiß, daß er etwas Unanständiges, Ungehöriges auf sexuellem Gebiet tut".

Eb. Schmidt[4]) bemerkt zum Vorsatz der Vornahme unzüchtiger Handlungen im Sinne des § 176 Ziff. 3 StGB: „Der Täter muß sich ... des unzüchtigen Charakters seiner Handlung, also der gröblichen Verletzung der Sittlichkeit, bewußt gewesen sein". Der Kuppler muß nach Eb. Schmidt „die ... beförderte Handlung als eine unzüchtige ... gekannt haben"[5]). Und bei Schönke-Schröder und Kohlrausch-Lange findet man zum Vorsatz bezüglich der Ausstellung und Verbreitung unzüchtiger Schriften und Gegenstände (§ 184, Ziff. 1—3 StGB) den Satz, der Täter müsse die Vorstellung gehabt haben, daß die Schrift usw. „das

[1]) Drost, Ermessen, S. 70f.; Stammler, Rphil., 3. Aufl., §§ 139ff.
[2]) vgl. oben S. 22f.
[3]) AT, S. 230.
[4]) v. Liszt-Schmidt, 25. Aufl., S. 546f.
[5]) a. a. O., S. 553.

Scham- und Sittlichkeitsgefühl" oder „Sitte und Anstand" verletze[1]). Wenn endlich das Reichsgericht in einer Entscheidung[2]) den Leitsatz aufstellt, jenes Bewußtsein habe „auch derjenige, der nach seinem eigenen Empfinden nichts Unanständiges an der Schrift usw. gefunden habe", so kommt in dem Worte „auch" zum Ausdruck, daß in erster Linie auf die eigene Bewertung durch den Täter abgestellt wird.

Den genau entgegengesetzten Standpunkt nehmen dagegen die meisten anderen einschlägigen Reichsgerichtsentscheidungen ein, die nur die wissentliche und willentliche Vornahme solcher Körperbewegungen fordern, die „bei zutreffender rechtlicher Würdigung" sich als „unzüchtige Handlungen" darstellen[3]). Bewertet der Täter dagegen die Handlung nicht als unzüchtig, unanständig, so ist dies nach der in diesen Fällen geäußerten Meinung des Reichsgerichts ein unbeachtlicher „Strafrechtsirrtum". Bei konsequenter Durchführung der oben zuerst wiedergegebenen Auffassung in der Literatur, die eine „Eigenwertung" des Täters zum Vorsatz fordert, läge in solchen Fällen ein vorsatzausschliessender Irrtum vor.

Zu einem wieder anderen Ergebnis kommt neuerdings Hirsch[4]). Er vertritt in der Frage des Vorsatzinhaltes die Auffassung des Reichsgerichts, wenn er unter Berufung auf v. Webers Lehre von den Komplexbegriffen schreibt, der Vorsatz habe sich „nur auf das Verhalten zu beziehen, das als unzüchtig zu beurteilen ist", nicht auf eine Bewertung dieses Verhaltens. Die mangelnde Eigenwertung durch den Täter muß Hirsch aber, anders als das Reichsgericht, nach dem Seite 338 ff. Ausgeführten als einen nach den Grundsätzen des Verbotsirrtums zu behandelnden Subsumtionsirrtum ansehen.

Aus der hier entwickelten Auffassung, nach welcher die Wertmerkmale zweidimensionale Beschreibungen von Naturhaftem samt der diesem entgegengebrachten gesellschaftlichen Haltung sind, folgt für den Vorsatzinhalt ein anderes Ergebnis: Dem Erfordernis des § 59 StGB, daß der Täter das Beschriebene, das Was der Beschreibung, kurz: seine Tat, erkannt haben müsse, ist Genüge getan, wenn der Täter die Wertung, die seine Handlung von seiten der Gesellschaft erfährt, rein rational gekannt hat, wenn er also gewußt oder in Kauf genommen hat, daß „man" diese Handlung, diese Schrift usw. für „unzüchtig", „unanständig" oder dergl. hält, wenn er also, um mit Hegler[5]) zu sprechen, eine Wertfeststellung statt einer eigenen Wertstellung vorgenommen hat.

---

[1]) Schönke-Schröder, 8. Aufl., Bem. II 4 zu § 184; K.-Lange, 41. Aufl., IX zu § 184.

[2]) Das Recht 1907/264.

[3]) vgl. die Zitate S. 11, Note 2.

[4]) S. 341, Anm. 1, S. 338 ff.

[5]) Frank-Festgabe I, S. 272, Note 2.

Diese zutreffende Auffassung vertritt schon Mezger in seinem Lehrbuche[1]), ohne daß er sie allerdings näher begründet hätte[2]). Der Täter hat, so schreibt Mezger, eine unzüchtige Handlung vorsätzlich begangen, „wenn ihm die gesellschaftliche Mißbilligung solchen Tuns in geschlechtlicher Beziehung bekannt war". Allerdings will auf dieses rein intellektuelle Kennen der gesellschaftlichen Mißbilligung das Wort von der „Parallelwertung" nicht recht passen.

Andererseits — und das gilt gegen die Vorsatzverkürzung, die das Reichsgericht vornimmt, — ist diese „Wertungskenntnis" aber auch erforderlich, weil nur sie dem Täter die Erkenntnis der Bedeutung seiner Tat in der sozialen Welt zu erschließen vermag. Wenn man nur das Bewußtsein von der rein faktischen Seite der „unzüchtigen Handlung" fordert, so verzichtet man gerade auf die Voraussetzung des Schuldvorwurfs, daß nämlich der Täter gewußt haben muß, was er tat. Denn wer nur die eine, die naturhafte Dimension der zweidimensionalen Handlung und ihrer Merkmale kennt, der weiß in Wahrheit nicht, was er tut.

Die Folgerungen der hier vertretenen Ansicht mögen durch einige Beispiele erläutert werden:

Der Mutter, die ihrer Tochter den Geschlechtsverkehr mit dem Verlobten ermöglicht, weil das in ihrem Kreise zur Feststellung der Beiwohnungs- und Fortpflanzungsfähigkeit unter Verlobten üblich ist, und weil deshalb der Gedanke, dies könne von den Mitmenschen als „unanständig" angesehen werden, in ihr gar nicht auftaucht, fehlt schon der Vorsatz der schweren Kuppelei[3]), weil sie ein Tatbestandsmerkmal nicht voll erkannt hat. Nicht aber handelt es sich hierbei, wie z. B. das OLG Braunschweig[4]) oder Welzel[5]) annehmen, um einen Fall des Verbotsirrtums.

Umgekehrt ist Vorsatz zu bejahen, wenn die Mutter die gesellschaftliche Mißbilligung des Verlobtenbeischlafs kennt, aber persönlich z. B. der Überzeugung ist, diese Auffassung sei „unmodern" oder „spießig", und ihr deshalb nicht beitritt. In solchen Fällen kann das Unrechtsbewußtsein fehlen, doch dürfte dieser Verbotsirrtum vermeidbar sein.

---

[1]) 2. Aufl., S. 328f.; ähnlich Mezger in LK, 6./7. Aufl., Bem. 6 zu § 184 StGB.

[2]) wie denn überhaupt seine fruchtbare Lehre von der „Parallelwertung in der Laiensphäre" sich nicht als das Ergebnis seiner theoretischen Beschäftigung mit den normativen Tatbestandsmerkmalen darstellt; sie wurde auch erst später und an anderer Stelle (JW 27, S. 2006ff.) und aus dem praktischen Anlaß der Besprechung eines Reichsgerichtsurteils entwickelt.

[3]) wenn nicht schon objektiv, eben wegen jener, z. B. in bäuerlichen Kreisen häufiger vorhandenen Ansicht die Unzüchtigkeit entfällt, was z. B. dort nicht der Fall ist, wo die Täterin in eine andere Umgebung mit anderen Auffassungen verschlagen worden ist.

[4]) NsRpfl. 53/11.

[5]) 6. Aufl., S. 363.

Nichts anderes will die oben zitierte Entscheidung des Reichsgerichts (Recht 1907/264) besagen, wenn es dort heißt, das Bewußtsein, unzüchtige Schriften zu vertreiben, habe der Täter auch dann, wenn er selbst nach seinem Empfinden nichts Unanständiges an den Schriften gefunden habe. Damit hat das Reichsgericht — in dieser Entscheidung — zum Ausdruck gebracht, daß das Wissen um die Bewertung durch „die anderen", nicht die eigene Bewertung durch den Täter, zum Vorsatz ausreichend, aber auch erforderlich ist.

III. Die Sinnmerkmale.

Die von den meisten Tatbestandsmerkmalen vorausgesetzte zweite Dimension ist die der praktisch-rationalen Haltungen des menschlichen Geistes, d. h. Gegenstände der Beschreibung sind Gebilde, die das Produkt der rationalen Durchdringung und Prägung der Welt darstellen, Gebilde, die der objektive Geist im Laufe der geschichtlichen Entwicklung hervorgebracht hat. Hierher gehören neben den vielen Bezeichnungen der Artefakta die zahlreichen Beschreibungen von Handlungen und realen Gebilden und Personen, die einen besonderen Sinn und eine besondere Bedeutung aus den geschichtlich gewordenen rechtlichen, wirtschaftlichen und sozialen Lebensformen und -gewohnheiten erhalten, und die eben nur sub specie dieser Lebensformen ihre eigentümliche Existenz haben. Diese Sinnmerkmale hat Welzel vornehmlich im Auge, wenn er von der „geistigen Verstehbarkeit" der normativen Tatbestandsmerkmale spricht.

Genannt seien aus der großen Fülle dieser Merkmale etwa folgende: Die „verfassungsmäßige Ordnung" der „Bundesrepublik Deutschland" (§§ 90a, 96 StGB); „Regierung", „Organe der Gesetzgebung, der vollziehenden Gewalt und der Rechtsprechung" (§§ 88 ff.); „Wahl", „Wählerlisten" usw. (§§ 107 ff.); „Bundespräsident" (§ 95); „Beamter" (§§ 331 ff.); „Rechtsanwalt", „Arzt" usw. (§ 300); „Metallgeld", „Papiergeld", „Inhaberschuldverschreibungen", „Aktien", „Interimsscheine' (§§ 146 ff.); „Wechsel", „Schuldscheine", „Bürgschaftserklärungen" (§ 301); „Gericht", „zuständige Behörde" (§§ 153 ff.); „Ehe", „Ehebruch" (§§ 170 ff.); „fremde Sache" (§ 242); „eigene Sache" (§ 289); „gepfändete Sache" (§ 137); „Urkunde" (§ 267); „Eigentümer", „Nießbraucher", „Pfandgläubiger" (§ 289); „dieselbe Rechtssache" (§ 356) usw.

All diese Merkmale enthalten eine Beschreibung von Seiendem, von sozialen Objektivgebilden, die ihr objektives, reales Sosein dem Stande der Zivilisation oder Kultur verdanken. Ein „bewohntes Gebäude" oder ein „Kraftfahrzeug" können bei nomadischen Verhältnissen ebensowenig Existenz haben wie „Papiergeld" oder „Urkunden" in der frühen Steinzeit, haben aber ihre spezifische Existenz in unseren heutigen Lebensverhältnissen.

Der Zugang des Richters zu diesen Merkmalen, der Weg zu ihrer Feststellung, ist wiederum ein rein erkenntnismäßig-logischer: der Richter subsumiert lediglich mit den Mitteln des Verstandes unter Seinsbegriffe[1]).

IV. Die Abschätzungsmerkmale.

1. Ähnlich wie bei den oben besprochenen Wertmerkmalen liegen die Probleme bei den Merkmalen, die auf die Ergebnisse quantitativer Abschätzungen verweisen, wie „geringer Wert" (§ 248a StGB), „geringe Menge", „unbedeutender Wert" (§ 370 Ziff. 5 StGB), „übermäßige Summe" (§ 240 KO). Auch hier ist die Instanz, welche die maßgebende Abschätzung vornimmt, nicht der Richter, sondern die Anschauung der Volkskreise, denen z. B. der Bestohlene, der Bankrotteur angehört. So beantwortet sich die Frage, ob eine „übermäßige Summe" verbraucht wurde, bei einem in Konkurs gefallenen Lebensmittelkleinhändler anders als bei einem Großimporteur, die Frage, ob 5 Flaschen Wein „eine geringe Menge" sind, bei einem bestohlenen Privatmann anders als bei einem Weingroßhändler. Diese „Verkehrsanschauung"[2]) hat der Richter seiner Subsumtion zugrundezulegen. Ob das richtig geschehen und die Subsumtion unter den so ausgefüllten Gesetzesbegriff erfolgt ist, — das sind Fragen, die als Rechtsfragen der Revision unterliegen[3]).

Das Reichsgericht hatte zwar in einer sehr frühen Entscheidung[4]) erklärt, die Annahme des Tatrichters, 15 Flaschen Wein seien eine geringe Menge und ihr Wert unbedeutend, sei, so auffallend sie auch erscheine, mit der Revision nicht angreifbar. Später ging es immer mehr dazu über, die Entscheidungen der Instanzgerichte zu den Abschätzungsmerkmalen zu überprüfen[5]). So hat es wiederholt in Fällen, in denen es die tatrichterliche Ansicht zu der Frage der Geringfügigkeit offenbar mißbilligte, die betreffenden Urteile mit der Begründung aufgehoben, die in ihnen ausgesprochene Ansicht sei so auffällig, daß eine besonders sorgfältige Begründung verlangt werden müsse, und den Kammern Richtlinien für ihre neue Entscheidung an die Hand gegeben.

Diese Entwicklung in der reichsgerichtlichen Rechtsprechung vollzog sich aber nicht etwa deshalb so langsam, weil das Reichsgericht hier zunächst von der Annahme eines dem Tatrichter eingeräumten Ermessens ausgegangen wäre, sondern weil die eine Revision zulassenden Entscheidungen dem nie ganz aufgegebenen Grundsatz abgerungen werden mußten, die Feststellung, ob z. B. 5 Flaschen Wein zum Gesamtpreis von 10,— Mark eine „geringe Menge" oder „von unbedeutendem

---

[1]) vgl. v. Weber, Notstand, S. 77, Note 2, u. oben S. 36f.
[2]) LK, 6./7. Aufl., V, 6 zu § 370 StGB.
[3]) vgl. Mannheim, Revision, S. 33ff. u. oben S. 99ff.
[4]) RGRspr. 3/516.
[5]) vgl. Mannheim, a. a. O., S. 84ff. mit Nachweisen.

Werte“ seien, sei „tatsächlicher Natur“[1]). In Wahrheit handelt es sich bei dieser Frage — im Unterschied zu der vom Reichsgericht zuweilen[2]) damit verwechselten Tatfrage, welchen Geldwert die 15 Flaschen Wein hatten, — um die Bestimmung von Inhalt und Ausmaß des Rechtsbegriffs und um Subsumtion unter ihn — also um revisible Fragen der Gesetzesanwendung. Hierauf haben schon Geyer[3]) und vor allem Mannheim[4]) zutreffend hingewiesen. Dieser Auffassung nähern sich auch Rohde-Ziegler[5]). Sie verweisen zwar zunächst auf die Rechtsprechung des Reichsgerichts zu der „tatsächlichen Natur“ der Frage, ob ein Wert gering sei, fügen aber dann hinzu: „Im übrigen kann sich auch das Revisionsgericht der allgemeinen Verkehrsauffassung . . . nicht verschließen“. Verstöße hiergegen seien „Rechtsfehler“. „Offenbare Fehlentscheidungen, wie z. B. im Falle RGRspr 3/516 (betr. 15 Flaschen Wein), würde daher ein Revisionsgericht heute kaum mehr durchgehen lassen“.

2. Als dreidimensional kann man die Gegebenheiten bezeichnen, auf welche die von Mezger treffend so genannten „Merkmale kognitiver Beurteilung“ Bezug nehmen.

Zunächst der Begriff der „Gefahr“: Gegenstand der Beschreibung ist hier zunächst eine Handlung, die als solche entweder mit der rein naturhaften Dimension erfaßbar ist (Beibringung von Gift, § 229, Herbeiführung einer Überschwemmung, § 312 StGB), oder aber schon zweidimensional ist (Beeinträchtigung der Sicherheit des Straßenverkehrs durch Trunkenheit am Steuer, §§ 315a Ziff. 2, 316). Beschrieben wird aber ferner als weitere Dimension die Eigenschaft dieser Handlung, daß sie wahrscheinlich zur Zerstörung der Gesundheit oder zur Vernichtung von Menschenleben oder Sachwerten führen wird, also ihre Relation zu einem vorgestellten weiteren Erfolg. Gerade diese Relation ist der Grund für die Pönalisierung der Handlung, ihre Beachtung also von größter Wichtigkeit für die Feststellung der Tatbestandsmäßigkeit. Die Feststellung der Gefährlichkeit ist Sache desjenigen, der über das zur Beurteilung notwendige Erfahrungswissen verfügt[6]), also z. B. im Falle der Giftbeibringung des medizinischen, im Falle der Herbeiführung einer Überschwemmung des physikalisch-meteorologischen, im Falle der §§ 315a, 316 des verkehrstechnischen Sachverständigen. Soweit der Bestand des Erfahrungswissens durch eine Wissenschaft objektivierbar ist, soweit ist auch die richterliche Feststellung der Gefährlichkeit einer Handlung im Hinblick auf einen bestimmten Erfolg objektiv bestimmbar.

Merkmale wie „Behaupten einer unwahren Tatsache“ (§ 187 StGB), „falsche Aussage“ (§ 153 StGB) bezeichnen die natürliche Rede samt

---

[1]) RG 8/407.
[2]) z. B. RG 55/182.
[3]) Z. 2/308f.
[4]) a. a. O., S. 33ff.
[5]) LK, 6./7. Aufl., V 6 zu § 370 StGB.
[6]) Frank, 18. Aufl., II 1 zu § 1 StGB.

ihrem geistigen Sinn und daneben die Relation der Äußerung zu der wirklichen Sachlage. Die Feststellung der Falschheit durch den Richter erfolgt durch eine rein logische Operation, die Mezger[1]) treffend umschrieben hat: Sie besteht darin, „daß ... zwei kognitive Tatsachenfeststellungen zu vollziehen sind: diejenige der Handlung (Behauptung) des Täters und ihres Sinngehalts und diejenige eines bestimmten Zustandes der objektiven Wirklichkeit; dazu tritt die logische Vergleichung beider und die Prüfung ihrer inhaltlichen Übereinstimmung".

3. Im großen und ganzen gleichen die unter 1. und 2. behandelten Merkmale den echten Wertmerkmalen und den Sinnmerkmalen. Ihnen allen ist gemeinsam, daß der Richter auf einen leichter oder schwerer zugänglichen Komplex von objektiven oder objektivierbaren Werthaltungen, Sinngebilden, Erfahrungssätzen oder logischen Verhältnissen verwiesen wird. Unter den Abschätzungsmerkmalen finden sich aber auch solche, bei denen ein Zurückgehen auf objektive Maßstäbe nur noch eine formale Bedeutung hat: etwa Merkmale wie „Beeinträchtigung der Sicherheit des Straßenverkehrs" durch „zu schnelles Fahren" oder durch trunkenheitsbedingte „Unfähigkeit, ein Fahrzeug sicher zu führen", (§ 315a Abs. 1 Z. 2, 4 StGB). Die Beantwortung der Fragen, ob ein Kraftfahrer zu schnell gefahren ist oder die Sicherheit des Straßenverkehrs durch trunkenheitsbedingte Fahruntüchtigkeit beeinträchtigt hat, und die Angabe von Maßstäben hierfür ist nicht so sehr Sache eines Sachverständigen, als vielmehr des gemeinen Menschenverstandes, letzten Endes des richterlichen Ermessens. Der Tatbestand wird hier unbestimmt und das Ergebnis der richterlichen Entscheidung ganz und gar unberechenbar.

Im Gegensatz zu der Unbestimmtheit, die durch Merkmale wie „unzüchtig" oder „Urkunde" herbeigeführt wird, und die wegen des Wechsels der Werthaltungen und der mangelnden Konturenschärfe geistiger Gegenstände unvermeidbar ist, sind solche unbestimmten Würdigungsbegriffe sehr wohl vermeidbar durch feste Angaben in den Tatbeständen. So wäre es z. B. denkbar, in die Tatbestände der §§ 315a StGB und 2 StVZO eine untere Grenze der Blutalkoholkonzentration aufzunehmen, von der ab Fahruntüchtigkeit in jedem Fall als gegeben anzusehen wäre. Auf ein interessantes Beispiel dieser Art macht v. Weber aufmerksam[2]): In § 12 des Militärstrafgesetzbuches war der unbestimmte Würdigungsbegriff „vor versammelter Mannschaft" dahin definiert, daß sieben Mann und mehr als eine „versammelte Mannschaft" im Sinne der einschlägigen Bestimmungen anzusehen seien.

Durch solche Grenzbestimmungen ließe es sich ermöglichen, den für die Tatbestandsbestimmtheit gefährlichen reinen Würdigungsbegriffen feste Konturen zu verleihen.

---

[1]) Traeger-Festschrift, S. 219.

[2]) Wiss. Vierteljahresschrift zur Prager Juristischen Zeitschrift, 1927, Heft II, Sp. 62, Note 8.

V. Die Parallelbeurteilung im Täterbewußtsein als Erfassen der zweiten Dimension.

Die Folge davon, daß die zweite Dimension als eine Seinskategorie des vom Tatbestand Beschriebenen angesehen werden muß, ist die, daß zum Erfassen des Wesens des Beschriebenen durch den Täter ebenso das Erfassen der zweiten Dimension gehört, wie der Richter nur durch den Rückgriff auf sie erkennen kann, was das Gesetz eigentlich beschreibt. Bloßes Wissen und Wollen des Sinnenfälligen und des „äußeren Erfolges" ist also stets nur — höchstens! — halber Vorsatz.

Dies und die Tatsache, daß es für das Erkennen der zweiten Dimension durch den Täter auf den Grad der begrifflichen Schärfe nicht ankommt, sofern nur das Wesentliche, der sachliche Gehalt, erkannt ist, hat die Lehre von der „Parallelbeurteilung im Täterbewußtsein" schon seit langem herausgestellt. Die vorstehenden Überlegungen wollten nur versuchen, diese Lehre theoretisch näher zu begründen. Ihre praktische Brauchbarkeit ist unbestritten und unbestreibar. Diese Lehre zu ergänzen, war erforderlich bei den Wertmerkmalen und ist noch erforderlich bei den schon erwähnten sogenannten Komplexbegriffen, da vor allem v. Weber — bei grundsätzlicher Anerkennung der Lehre von der Parallelbeurteilung — hier von dem Erfordernis absieht, daß der Täter „nach Laienart" die zweite Dimension des Tatbestandsbegriffs erfaßt haben müsse. Er läßt es z. B. für den Vorsatz des § 292 StGB genügen, wenn der Täter gewußt hat, einen Fuchs oder Dachs vor sich zu haben, und hält auch die laienmäßige Vorstellung, daß dieses Tier fremdem Jagdrecht unterliege, nicht für erforderlich.

VI. Der Vorsatz bei den sogenannten Komplexbegriffen.

1. Gibt es nun überhaupt Komplexbegriffe im Sinne v. Webers, bei denen auf eine Erfassung des Begriffsinhaltes, d. h. aber auf eine Erfassung des Beschriebenen in allen Dimensionen, völlig verzichtet werden kann? Einen solchen Verzicht bedeutet es nämlich, wenn man die Vorstellung des Täters, einen Fuchs vor sich zu haben, zum Vorsatz genügen läßt, obwohl das Gesetz von einem „fremdem Jagdrecht unterliegenden Tier" spricht: Dieser Gesetzesbegriff enthält mehr als eine Aufzählung verschiedener Tiere, er beschreibt nämlich auch noch eine spezifische Dimension dieser Tiere: ihre Eigenschaft, kraft positiver Gesetzesbestimmung Gegenstände des Jagdrechts zu sein. Von dieser Dimension des Begriffs weiß aber der Täter nichts, der sich über die Jagdbarkeit keine Gedanken macht oder das Tier, das er richtig als Dachs oder Fuchs erkannt hat, positiv für nicht jagdbar hält. So fordern auch z. B. Frank und Lobe — beide Vertreter der Lehre von den Komplexbegriffen — bei § 292 Kenntnis von der Jagdbarkeit des Tieres[1]).

---

[1]) Frank II zu § 59 (letzter Absatz); Lobe, LK, 5. Aufl., 7b zu § 59 StGB.

Ebenso enthält der Begriff der „zuständigen Behörde"[1]) mehr als den Ersatz der enumerativen Nennung zahlreicher Behörden, nämlich auch noch den Hinweis auf die Dimension dieser Behörden, die rechtliche Befugnis zu einer bestimmten Handlung — z. B. Eidesabnahme — zu haben. Dem Täter, der z. B. nur weiß, einen Untersuchungsausschuß des Bundestages vor sich zu haben, ohne sich vorzustellen, daß dieser zur Eidesabnahme befugt sei, fehlt in seinem Vorsatz jedenfalls diese Dimension. In beiden Fällen der Sachverhaltskenntnis (Fuchs, Untersuchungsausschuß) hat der Täter also den vollen sachlichen Inhalt des Begriffs (jagdbares Tier, Befugnis zur Eidesabnahme) nicht erkannt. Dennoch soll nach v. Weber diese Sachverhaltskenntnis zum Vorsatz genügen.

Ein überraschendes Ergebnis angesichts des Grundsatzes, daß der Vorsatz die gleichen Dimensionen haben muß wie der vom Gesetz zur Umreißung der Verbotsmaterie beschriebene Gegenstand, auf den er sich bezieht, und angesichts der hierauf fußenden allgemein anerkannten Lehre von der Parallelwertung in der Laiensphäre oder der Parallelbeurteilung im Täterbewußtsein! Das Ergebnis ist mit dieser Lehre nicht vereinbar und wird von ihren Anhängern — außer von v. Weber — auch nicht mehr vertreten. Auf die gegenteilige Entscheidung des Bundesgerichtshofs in BGH 3/248 wurde schon oben (S. 19) hingewiesen. Auch Welzel[2]) wendet sich dagegen, daß sich v. Weber zur Bestimmung des Subsumtionsirrtums noch der reichsgerichtlichen Disjunktion zwischen den „richtig erkannten Tatsachen" und den „falschen Schlüssen" aus ihnen bedient.

Zu Unrecht beruft sich v. Weber[3]) für seine Ansicht auf eine Stelle bei Mezger[4]). Wenn er meint, Mezger unterscheide in der gleichen Weise wie er zwischen normativen Tatbestandsmerkmalen und Komplexbegriffen, so beruht dies auf einem Mißverständnis. Mezger macht an der genannten Stelle zwar einen Unterschied zwischen „gangbaren" rechtlichen Begriffen, z. B. der Fremdheit der Sache in § 242 StGB, und „spezifischen Rechtsbegriffen", „Begriffen, die besonderen Rechtssphären angehören", wie z. B. der Zuständigkeit in §§ 153 ff. StGB, und spricht in nicht sehr klarer Weise von dem „Problem, inwieweit bei den sogenannten normativen Tatumständen [zu denen er beide Gruppen rechnet] ... die juristische Wertung im Sinne der Parallelwertung jeweils zum Vorsatz erforderlich (relevant) ist und inwieweit umgekehrt eine auf Seiten des Täters nicht erforderliche (irrelevante) Subsumtion vorliegt". Bei den gangbaren normativen Begriffen werde ersteres, bei den spezifischen Rechtsbegriffen letzteres anzunehmen sein. Daß er mit dieser

[1]) darüber, daß dieser Begriff in §§ 153ff. Tatbestandsmerkmal ist, so oben S. 97ff.

[2]) JZ 54/279, Note 23.

[3]) Goltd. A. 53/162.

[4]) LK, 7./8. Aufl., I 3b zu § 59 StGB.

unklaren Formulierung etwas anderes meint als v. Weber, daß er insbesondere auch bei den spezifischen Rechtsbegriffen, wie z. B. der Zuständigkeit in §§ 153 ff., Bedeutungskenntnis statt „Tatsachenkenntnis" fordert, spricht er ganz deutlich wenige Seiten später aus[1]). Die von v. Weber gebilligte Ansicht des Bundesgerichtshofs in BGH 1/13, für die Kenntnis der Zuständigkeit sei die Kenntnis der zuständigkeitsbegründenden Tatsachen erforderlich und ausreichend, verwirft er mit der Bemerkung, sie stehe „in Widerspruch mit anerkannten Rechtsgrundsätzen". -- Genauere Ausführungen zu der Frage finden sich in seiner ablehnenden Anmerkung zu dem genannten Urteil in JZ 51/179f. und in seinem Studienbuch[2]). Hier zeigt sich, daß Mezger den Trennungsstrich nicht, wie v. Weber, zwischen Tatsachenkenntnis und (laienmäßiger) Bedeutungskenntnis zieht, sondern lediglich Grade oder Stufen der bei allen zweidimensionalen Merkmalen erforderlichen Bedeutungskenntnis unterscheidet[3]). Ausdrücklich betont er[4]), daß „Parallelwertung in der Laiensphäre" nicht nur für „reine Rechtsbegriffe" erforderlich sei, sondern auch für „sog. Komplexbegriffe, . . . die tatsächliche und rechtliche . . . Merkmale in sich vereinigen". Und zur Frage des Vorsatzes bezüglich der Zuständigkeit in § 156 schreibt er[5]): „Auch hier kann . . . zum Vorsatz beim vollendeten Delikt . . . die Kenntnis von der Bedeutung der vorliegenden Tatsachen für die Befugnis zur Abnahme der eidesstattlichen Versicherung nicht entbehrt werden. Daraus folgt aber, daß auch die irrtümliche Annahme einer solchen Befugnis grundsätzlich die Basis für einen untauglichen Versuch . . . bilden muß". Lediglich die Frage will er unterschiedlich beantworten — und hier verläuft die Grenze zwischen „gangbaren" und „spezifischen" Rechtsbegriffen —, „wie weit die durch die Tatumstände geforderte . . . Bewertung zu gehen hat", d. h. wie exakt die stets unentbehrliche Bedeutungskenntnis sein muß. Daß er hier an die Kenntnis des Gehalts der spezifischen Rechtsbegriffe gradmäßig geringere — nicht artmäßig andere! — Anforderungen stellt als an die Kenntnis des Gehalts der gangbaren Rechtsbegriffe, verleitete v. Weber zu der Annahme, auch Mezger sei ein Anhänger der Lehre von den Komplexbegriffen in seinem Sinne.

2. Zwar ist v. Weber zuzugeben, daß es Tatbestandsmerkmale gibt, die nur die Stelle einer Aufzählung verschiedener Sachverhalte vertreten, in der gleichen Weise, in denen in der Mathematik ein mehreren Größen gemeinsames Element, anstatt bei allen Größen wiederholt zu werden, „vor die Klammer gezogen" wird. Ihre Verwendung ist sachlich identisch mit der Aufzählung. So enthält der Begriff der „Verwandten

---

[1]) a. a. O., Bem. II 10a.
[2]) AT, 6. Aufl., S. 167.
[3]) a. a. O.
[4]) a. a. O.
[5]) JZ 51/170.

aufsteigender Linie" dasselbe wie die Aufzählung: Vater, Mutter, Großvater, Großmutter usw. . . . Ebenso ist es bei den „Gegenständen des täglichen Bedarfs". Solche Aufzählungsbegriffe sind wirklich „abgekürzte Tatsachenbehauptungen". Da sie nur im Wege der logischen Abstraktion das den aufgezählten Gegenständen Gemeinsame hervorheben, nehmen sie nur Bezug auf den sachlichen Gehalt dieser Gegenstände selbst, nicht auf eine an diese Gegenstände herangetragene neue Dimension. Durch den Gegensatz mag das Gemeinte verdeutlicht werden: Der Begriff „fremdem Jagdrecht unterliegendes Tier" nimmt nicht nur Bezug auf die in § 1 Bundesjagdgesetz aufgezählten Tiere, sondern auch auf den dort aufgestellten Rechtssatz, daß die in der Klammer aufgezählten Tiere Gegenstände des Jagdrechts sind. Ebenso ist das Merkmal „zuständige Behörde" nicht nur die schlagwortartige Zusammenfassung der in Betracht kommenden Behörden, sondern gleichzeitig auch die Zusammenfassung der Rechtssätze, die die Zuständigkeit begründen. Es setzt sozusagen eine Rechtsnorm voraus, in der, ähnlich wie in § 1 Bundesjagdgesetz, gesagt wäre: „Folgende Behörden sind zur Eidesabnahme zuständig: . . .".

v. Weber behandelt nun die Zuständigkeit als einen echten Aufzählungsbegriff. Er schreibt[1]): „Wäre nach unserem Recht die Ablegung von Eiden und eidesstattlichen Versicherungen nur vor Gerichten vorgesehen, und würde deshalb die einschlägige Strafbestimmung lauten: ‚Wer vor Gericht einen falschen Eid schwört, usw.', so wäre zum Vorsatz nichts weiter erforderlich, als daß der Täter weiß, daß er als Schwurpflichtiger vor Gericht steht. Ob und welche Gedanken er sich über die Zuständigkeit des Gerichts macht, wäre unerheblich. Ebenso wäre es, wenn das Strafgesetz die einzelnen Behörden aufzählte, die zur Abnahme von Eiden usw. zuständig sind. Auch dann wäre ihre Zuständigkeit kein Tatumstand im Sinne des § 59 StGB. Nun hat der Gesetzgeber aber aus sprachlichen und gesetzestechnischen Gründen nicht die einzelnen Eidesbehörden aufgezählt, sondern sie in dem Begriff ‚zuständige Behörde' zusammengefaßt. Diese andere Fassung ändert an dem objektiven Inhalt der Verbotsnorm nichts: es sind jeweils die gleichen Behörden, vor denen falsch zu schwören strafwürdig ist".

Diese Auffassung trifft aber nicht ganz zu. Denn wenn das Gesetz die zur Eidesabnahme zuständigen Behörden und Verfahrensarten in §§ 153 ff. StGB aufzählen würde, würde es damit den Rechtssatz aussprechen, daß diese Behörden eben zuständig sind, und ihnen damit diese neue rechtliche Dimension gerade doch verleihen. Die Aufzählung der Begriffe Vater, Mutter, Großvater, Großmutter usw. würde dagegen diesen Personen nicht eine neue Dimension „Verwandter aufsteigender Linie" verleihen. Der Grund liegt darin, daß die Aufzählungsbegriffe nur das den aufgezählten Gegenständen logisch Immanente und Gemeinsame hervorheben.

---

[1]) a. a. O., S. 163; ähnlich: Hirsch, S. 338 ff.; Bemmann, S. 16; ibd., Note 131.

Dies läßt sich gerade an dem Beispiel der Zuständigkeit in § 154 sehr gut zeigen: In § 154 erscheint z. B. das „Gericht" ohne den Zusatz „zuständig". Nach dem Wortlaut müßte also jeder vorsätzliche falsche Eid vor irgendeinem Gericht ein Meineid sein. Man ist sich aber in der Rechtsprechung und in der Literatur vollkommen darüber einig — und auch v. Weber bildet keine Ausnahme[1] —, daß nur der Eid unter § 154 StGB fällt, der „in einem gerichtlichen Verfahren geschworen worden (ist), in welchem ein Eid dieser Art von den Gesetzen überhaupt zugelassen ist"[2]). Das bedeutet aber nichts anderes, als daß man auch, wo nur vom „Gericht" die Rede ist, seine Zuständigkeit als ungeschriebenes Tatbestandsmerkmal subintellegiert[3]). So fährt der Bundesgerichtshof unmittelbar im Anschluß an das obige Zitat fort: „In diesem Sinne muß das Gericht zur Abnahme des Eides zuständig gewesen sein" — und verlangt zum Vorsatz Kenntnis von dieser Zuständigkeit.

Das ist völlig berechtigt, weil eben die Strafdrohung für den falschen Eid nur sinnvoll ist, wenn man das „Gericht" als ein zuständiges Gericht versteht: Für die Bestrafung eines falschen Eides vor dem Grundbuchrichter über die Größe eines einzutragenden Grundstücks besteht vom Standpunkt des Schutzes des Rechtsverkehrs aus kein Strafbedürfnis[4]). Anders ausgedrückt: Das Gesetz meint in § 154, obwohl es schlechthin vom „Gericht" spricht, nur ein „zuständiges Gericht", d. h. aber, es beschreibt sowohl das Gericht wie auch als neue Dimension des Gerichts den Rechtssatz, der es zum zuständigen Gericht macht.

Begriffe wie „jagdbares Tier" oder „zuständige Behörde", die neben der Aufzählung noch die den aufgezählten Gegenständen zukommende neue Dimension enthalten, sollen hier im Gegensatz zu den bloßen Aufzählungsbegriffen im folgenden (echte) Komplexbegriffe genannt werden. Zu ihnen gehören z. B. noch die Begriffe: „Unzucht" (in Bezug genommene neue Dimension: die sexuellen Wertvorstellungen der Rechtsgemeinschaft); „Straftat" bzw. „strafbare Handlung" in §§ 145d, 164 StGB (neue Dimension: die Gesetze, die die verschiedenen in Betracht kommenden Handlungen mit Strafe bedrohen).

3. Die zwischen ihnen und den Aufzählungsbegriffen bestehenden Unterschiede führen notwendig zu einer Differenzierung in der Vorsatzfrage:

Die Aufzählungsbegriffe haben als „bloße Abkürzung" für eine Reihe von Einzelbegriffen eine rein terminologische Funktion und beschreiben als solche nichts. Die tatbestandliche Beschreibung enthalten in Wahrheit die durch sie vertretenen und sozusagen nur im Geiste im Tatbe-

---

[1]) a. a. O., S. 165.

[2]) BGH 3/248ff.

[3]) insofern sehe ich einen Widerspruch zwischen der Äußerung v. Webers auf S. 165, die das hervorgehobene Erfordernis anerkennt, und der zitierten Äußerung auf S. 163 (s. oben S. 111).

[4]) v. Weber, a. a. O., S. 165, u. oben S. 69f.

stand anwesenden Einzelbegriffe: Vater, Mutter, Großvater usw. Die Komplexbegriffe dagegen haben eine sachliche, beschreibende Funktion: sie beschreiben nämlich die spezifische Dimension der im übrigen auch von ihnen aufgezählten Gegenstände, z. B. die Jagdbarkeit eines Fuchses oder die Zuständigkeit eines Finanzamtes. Der sachliche Gehalt der Aufzählungsbegriffe ist identisch mit demjenigen der aufgezählten Gegenstände, der sachliche Gehalt der Komplexbegriffe dagegen ist bestimmt durch den Gehalt der aufgezählten Gegenstände samt ihrer weiteren Dimension. So enthält der Begriff „Verwandter aufsteigender Linie" sachlich dasselbe wie der Begrifff „Vater". Der Begriff „zuständige Behörde" aber enthält sachlich mehr als der Begriff „Finanzamt", nämlich auch die Befugnis des Finanzamtes z. B. zur Eidesabnahme.

Ein dem Gesetzesbegriff entsprechender oder paralleler Vorstellungsinhalt beim Täter ist daher bei den Aufzählungsbegriffen eine bloße Frage des Benennens, bei den Komplexbegriffen dagegen eine Frage des Erkennens des sachlichen Gehaltes des Beschriebenen. Mit anderen Worten: Auch wer nie etwas von „Verwandten aufsteigender Linie" gehört hat, hat den sachlichen Gehalt dieses Begriffs erkannt, wenn er weiß, daß er seinen Vater vor sich hat. Die Subsumtion unter den Begriff betrifft hier nur die Frage, wie er das Erkannte nennt. Dagegen gehört es zum Erkennen des sachlichen Gehaltes dessen, was mit den Begriffen „zuständige Behörde" in §§ 153 ff., „jagdbares Tier" in § 292 oder „Straftat" in § 145d StGB umschrieben ist, daß das Finanzamt im Lichte der Vorstellung seiner Befugnis zur Eidesabnahme, der erlegte Fuchs im Lichte der Vorstellung „fremdem Aneignungsrecht unterliegend", die einer staatlichen Dienststelle vorgetäuschte Handlung (§ 145d) im Lichte ihrer strafrechtlichen Relevanz gesehen wird.

v. Webers Auffassung trifft also für die reinen Aufzählungsbegriffe zu. Sie kann dagegen für die echten Komplexbegriffe nicht akzeptiert werden. Seine zu §§ 153 ff. StGB und § 292 StGB entwickelte Auffassung ist darauf zurückzuführen, daß er die Begriffe „Zuständigkeit" und „jagdbares Tier" für reine Aufzählungsbegriffe hält[1]).

Noch ein weiterer Umstand scheint diese Auffassung begünstigt zu haben:

Unter den Komplexbegriffen wird von alters her der Begriff der Urkunde als Paradigma aufgeführt. Auch v. Weber[2]) nennt ihn das „Paradebeispiel" eines Komplexbegriffes. Nun ist allgemein anerkannt, daß bei der Urkundenfälschung der Täter das gefälschte Schriftstück nicht als „Urkunde" qualifiziert zu haben braucht. Vielmehr genügt es, wenn er die sogenannten „konstitutiven Momente" des Urkundenbegriffs — Gedankenverkörperung, Geeignetheit und Bestimmtheit, etwas Rechtserhebliches zu beweisen, Ausstellerangabe — erfaßt hat. Schein-

[1]) vgl. oben S. 111 und Note 1 ibd.
[2]) a. a. O., S. 165.

bar liegt der gleiche Fall vor, wie wenn er bei dem Begriff der „zuständigen Behörde“ dessen konstituierendes Moment „Finanzamt“ erfaßt hat. Aber das ist nur scheinbar so, in Wahrheit verhält es sich ganz anders: Während die Kenntnis der Eigenschaft der Behörde als Finanzamt, Gericht usw., des erlegten Tieres als Fuchs, Dachs usw., für sich allein noch nicht geeignet ist, die Vorstellung von der bestimmten Befugnis der Behörde oder der Jagdbarkeit des erlegten Tieres zu vermitteln, machen die konstituierenden Momente des Urkundenbegriffs dessen Inhalt gerade aus. In ihnen ist, um ein Bild aus der Physik zu gebrauchen, der Urkundenbegriff gleichsam prismatisch zerstreut enthalten. Und ebenso wie durch eine bikonvexe Linse die vielfältig zerstreute bunte Farbskala in einem Brennpunkt wieder zusammengefaßt wird und in diesem Brennpunkt wieder als ein Strahl auftritt, ebenso fügt sich aus der Kenntnis der Beweiserheblichkeit der Gedankenverkörperung im Rechtsverkehr usw. die Kenntnis des Wesens, des sachlichen Gehalts dessen, was man kurz „Urkunde“ nennt, von selbst zu einer Einheit zusammen. Hier sind die konstituierenden Momente also geeignet, die Vorstellung von dem Bedeutungsgehalt des Urkundenbegriffs zu vermitteln. Konstitutives Moment in dem Sinne, in dem man den Begriff bei der „Urkunde“ gebraucht, wäre bei der „Zuständigkeit“ etwa die Bestimmung: „vom Recht vorgesehene Befugnis, in dieser oder jener Weise, z.B. zur Eidesabnahme, tätig zu werden“ — nicht aber die Bestimmung „Finanzamt“ für sich allein.

Die gleiche Rolle wie die Beweiserheblichkeit usw. für die Urkunde spielt etwa die von Frank[1]) als konstituierendes Moment des Komplexbegriffs „Glücksspiel“ hervorgehobene „Abhängigkeit des Spieles vom Zufall“. Wer weiß, daß das Spiel wesentlich vom Zufall abhängt, hat das Wesen des Glücksspiels erkannt, auch wenn er dem Erkannten diesen Namen nicht gegeben hat.

Die Komplexität ist also beim Urkundenbegriff und den ihm nahestehenden Begriffen in einem ganz anderen Sinne verstanden als bei der „Zuständigkeit“ und dem „jagdbaren Tier“. Darauf ist es zurückzuführen, daß die Kenntnis der konstituierenden Merkmale im ersten Fall Bedeutungserkenntnis, Erkennen des sachlichen Gehalts des Begriffs vermittelt, im zweiten Falle nicht.

Sachlich bedeutet im ersten Fall die Lehre von der Kenntnis der konstituierenden Merkmale nichts anderes als die später entwickelte Lehre von der Parallelwertung in der Laiensphäre: beides ist gleichbedeutend mit dem Erkennen des sachlichen Gehalts eines Rechtsbegriffs ohne Verwendung der Nomenklatur dds Gesetzes, sind doch hier die konstituierenden Merkmale nur die Ausfaltung des sachlichen Gehalts des Gesetzesbegriffs. Die Lehre von den konstituierenden Merkmalen stellt sich insoweit als eine Vorstufe der Parallelwertungstheorie dar.

---

[1]) 18. Aufl., II zu § 59 StGB.

Das Charakteristische der Auffassung v. Webers ist nun, daß er den Satz der Lehre von den konstituierenden Merkmalen, die Kenntnis dieser Momente eines Begriffs genüge zum Vorsatz, von solchen Momenten, die den Begriff in prismatischer Ausfaltung enthalten, auch auf solche Momente überträgt, bei denen dies nicht der Fall ist.

Wie steht es nun mit den gefürchteten Konsequenzen für den Irrtum über die Zuständigkeit in §§ 153ff. StGB, die sich vom Boden der hier vertretenen Auffassung, die Zuständigkeit müsse als Tatbestandsmerkmal vom Vorsatz umfaßt werden, ergeben?

Die von Welzel[1]) als inkonsequent gerügte unterschiedliche Behandlung der Zuständigkeit in §§ 110, 137 StGB einerseits und §§ 153ff. StGB andererseits durch das Reichsgericht erwies sich im Kerne als gerechtfertigt[2]). Der Vorwurf der Widersprüchlichkeit und des „Laborierens vom Ergebnis her", den Welzel gegen diese Differenzierung des Reichsgerichts erhebt, kann nicht mehr durchschlagen, wenn man die unterschiedliche Bedeutung des Merkmals in den beiden Gruppen von Tatbeständen erkannt hat.

Berechtigt war allerdings der Vorwurf, der gegen die differenzierende Behandlung der Zuständigkeit innerhalb der Gruppe der Eidesdelikte erhoben wurde: z. T.[3]) wurde nämlich die Zuständigkeit bei § 154 StGB als Tatbestandsmerkmal, bei § 156 StGB als objektive Strafbarkeitsbedingung angesehen. Zu einem ähnlichen Ergebnis gelangte der Oberste Gerichtshof für die Britische Zone[4]), wenn er bei § 156 StGB — offenbar im Gegensatz zu § 154 StGB — annahm, daß die Zuständigkeit der Behörde auch für die Versuchsbestrafung Voraussetzung sei, und die irrtümliche Annahme des Vorliegens dieses Tatbestandsmerkmals im Gegensatz zu den allgemeinen Regeln keinen Versuch begründen könne. „Sonst (würden) auf dem Umwege über die Bestrafung des Versuches alle die Gefahren eintreten, denen mit einer strengen Auslegung des Begriffs der Zuständigkeit gerade ... begegnet werden sollte", die Gefahr nämlich, daß der strafrechtliche Schutz auch unzuständigen Behörden zuteil würde und daß damit im Ergebnis „die Einrichtung der Versicherung an Eides Statt ihrer Bedeutung als einer feierlichen und eindrucksvollen Erklärung entkleidet ... würde".

Die Analyse des Norminhaltes[5]) führte zu dem Ergebnis, daß bei den §§ 153—156 StGB die „Zuständigkeit" einheitlich als Tatbestandsmerkmal angesehen werden muß. Es ist daher Welzel zuzustimmen, wenn er gegen diese Unterscheidungen einwendet[6]): „Daß für § 156 ver-

---

[1]) JZ 52/19f.
[2]) s. oben S. 66ff.
[3]) z. B. Schönke, 5. Aufl., Bem. V zu § 154, Bem. IV zu § 156 StGB; ders. SJZ 48/Sp. 299; Niese, NJW 49/812ff. (814).
[4]) OGH 2/81ff. (87, 89).
[5]) s. oben S. 66ff.
[6]) JZ 52/134.

leugnet wird, was zwei Paragraphen früher . . . richtig sein soll, wird wohl niemanden überzeugen können."

Nun rührte aber das Bemühen, die Zuständigkeit in §§ 153/54 und 156 StGB unterschiedlich zu interpretieren, daher, daß infolge des kriegs- und nachkriegsbedingten Verlustes vieler Dokumente zahllose auch unzuständige Behörden dazu übergegangen waren, als Ersatz eidesstattliche Versicherungen zu fordern, und daß angesichts der häufigen Unkenntnis der Versichernden von der Unzuständigkeit der Behörden nach § 156 Abs. 2 StGB in zahlreichen Fällen wegen untauglichen Versuchs der Abgabe einer falschen eidesstattlichen Versicherung hätte gestraft werden müssen. Dadurch wäre aber eben das eingetreten, was durch die Aufnahme des Merkmals „Zuständigkeit" in den Tatbestand gerade verhindert werden sollte. So stellen sich die genannten Konstruktionen, die diesem Ergebnis der häufigen Bestrafung wegen Versuches entgegenwirken wollten, als kriminalpolitisch bedingte, aber dogmatisch unhaltbare Notlösungen dar, für die jedoch nach der Aufhebung des Absatzes 2 des § 156 StGB durch das 3. StrÄG von 1953 im wesentlichen kein Bedürfnis mehr besteht[1]).

Lediglich in zwei Gruppen von Fällen könnte das kriminalpolitische Anliegen sich noch geltend zu machen versuchen und nach einer verschiedenen Behandlung der Zuständigkeit in §§ 153/54 und 156 StGB verlangen:

§ 160 Abs. 2 StGB deckt seinem Wortlaut nach auch nach der Streichung des § 156 Abs. 2 noch den Fall des versuchten Verleitens eines undolosen Werkzeuges zur Abgabe einer falschen eidesstattlichen Versicherung. Danach ist, wenn man die Zuständigkeit wie hier als Tatbestandsmerkmal versteht, der mittelbare Täter der falschen eidesstattlichen Versicherung, der irrtümlich die Zuständigkeit annimmt, wegen Versuches strafbar, der unmittelbare Täter dagegen nicht.

Ähnlich ist es bei der erfolglosen Anstiftung zu § 156 StGB. Nach § 159 finden die Grundsätze des § 49a auf die Fälle der §§ 153—156 entsprechende Anwendung. Der irrtümlich die Zuständigkeit bejahende Anstifter ist also gemäß §§ 159, 49a wegen versuchter Anstiftung zu § 156 zu bestrafen, der Täter, der irrtümlich die Zuständigkeit annimmt, ist dagegen straffrei.

Gegen das aufgezeigte Ergebnis im Falle des § 160 Abs. 2 StGB wendet sich Hirsch[2]) mit der Begründung, die schärfere strafrechtliche Haftung des mittelbaren Täters kehre das Verhältnis zwischen der unmittelbaren und der der Teilnahme nahestehenden mittelbaren Täterschaft um. Es lasse die Tatsache außer acht, daß der Gesetzgeber mit den unterschiedlichen Strafdrohungen in §§ 156 und 160 StGB eine leichtere

---

[1]) Bei Schönke-Schröder, 8. Aufl., IV zu § 156 StGB ist demgemäß die frühere Auffassung (Strafbarkeitsbedingung) aufgegeben worden.

[2]) JZ 55/234f.

Einschätzung der in mittelbarer Täterschaft begangenen Tat zum Ausdruck bringe. Hirsch schlägt aus diesen Gründen eine restriktive, an der Neufassung des § 156 (und des § 153) orientierte Auslegung des § 160 Abs. 2 vor, nach welcher § 160 entgegen seinem Wortlaut nur auf die Fälle der versuchten Verleitung zum Meineid Anwendung finden solle. Die Diskrepanz zwischen §§ 156 und 160 erklärt er mit einem Redaktionsversehen: eine Angleichung des § 160 an die veränderte Fassung der §§ 153 und 156 ist nach seiner Meinung „übersehen" worden.

So sehr in der Tat aus den oben angeführten Gründen eine restiktive Auslegung des § 160 Abs. 2 geboten erscheinen mag, so ist doch die Annahme eines Redaktionsversehens ausgeschlossen, wenn man berücksichtigt, daß § 159 durch das 3. StrÄG sachlich und redaktionell abgeändert worden ist: es wurde der Neufassung des § 49a Rechnung getragen, und die entsprechende Anwendung des § 49a Abs. 3, Nr. 2 und 3 wurde ausdrücklich ausgeschlossen.

Man muß daher feststellen, daß die Ergebnisse, die aus der Wortinterpretation der §§ 160 Abs. 2 und 159 StGB folgen, als der ausdrücklich erklärte Wille des Gesetzgebers, den „Hintermann", den geistigen Urheber von falschen Aussagen usw. zu treffen und so diese Gefährdungen der Rechtspflege im Keime zu ersticken, hinzunehmen sind[1]). De lege ferenda aber verdienen die Argumente Hirschs zu § 160 volle Beachtung. Die Regelung des Gesetzes, die einerseits durch einen niedrigeren Strafrahmen die Verleitung zur Falschaussage und zur falschen eidesstattlichen Versicherung für weniger schwere Fälle erklärt als die unmittelbare Begehung dieser Delikte, die aber andererseits den Versuch der schwerer eingeschätzten Begehungsform straffrei läßt und den Versuch der leichter eingeschätzten mit Strafe bedroht, ist in der Tat widerspruchsvoll.

Ebenso muß de lege ferenda die Streichung des § 159 StGB gefordert werden. Der Akzessorietätscharakter der versuchten Anstiftung läßt es dogmatisch nicht zu, die versuchte Haupttat straflos zu lassen, die versuchte Anstiftung zur Haupttat aber zu pönalisieren. Auch der Gesetzgeber ist an die allgemeinen Voraussetzungen für eine Analogie — und um eine analoge Anwendung des § 49a handelt es sich in § 159 — ebenso gebunden wie der Rechtsanwender. Analoge Anwendung einer Rechtsregel für den Sachverhalt a) auf den Sachverhalt b) setzt voraus, daß die beiden Sachverhalte in den für die Anwendung der Rechtsregel maßgeblichen Punkten gleich gelagert sind. Gerade diese Voraussetzung ist aber bei den Fällen des § 49a und denen des § 159 nicht erüllt. Bei allen Verbrechen, auf die sich § 49a allein bezieht, ist der Versuch der Haupttat strafbar, bei den Vergehen der §§ 153 und 156 dagegen ist der Versuch der Haupttat nicht (mehr) strafbar. Während

[1]) so Dreher-Maassen, Bem. 2 zu § 159 StGB; vgl. Kohlrausch-Lange, 41. Aufl., Bem. II zu § 159 StGB; Maurach, BT, S. 575; Welzel, 6. Aufl., S. 435.

also § 49a den Akzessorietätsgrundsatz, daß Teilnahmehandlungen nicht schwerer pönalisiert sein können als die entsprechenden Haupttaten, unberührt läßt, weicht § 159 von diesem Grundsatz in eklatanter Weise ab.

Die gleichen Erwägungen, die für eine Streichung des § 159 sprechen — für § 154 als Verbrechenstatbestand gilt § 49a ohnedies —, führten auch dazu, daß bei der Neufassung des § 49a die Strafdrohung für die versuchte Beihilfe gestrichen wurde. Maßgebend für diese Streichung war die Erwägung, daß nach § 49a Abs. 3 alter Fassung der Gehilfe bestraft werden konnte, auch wenn die Haupttat nicht einmal ins Versuchsstadium getreten war und der Haupttäter daher straflos blieb; dieses Ergebnis wurde allgemein als nicht sachgerecht angesehen, und der Gesetzgeber hat dieser Auffassung durch die Streichung des Abs. 3 Rechnung getragen.

Es bleiben also nur noch die Einwendungen gegen folgende Ergebnisse der hier vertretenen Auffassung[1]) zu untersuchen:

a) Wer in den Fällen der §§ 153/154 oder 156 StGB irrtümlich die Unzuständigkeit der objektiv zuständigen Behörde annimmt, bleibt wegen Tatbestandsirrtums nach § 59 StGB straflos — auch wenn er den Charakter der Behörde als Gericht usw. erkannt hat, weil erst die Kenntnis der Dimension „Zuständigkeit" volle Gegenstandserfassung ist (Gegensatz: die Auffassung v. Webers). Die Vermeidbarkeit oder Unvermeidbarkeit des Irrtums ermöglicht keine Differenzierung (Gegensatz: die Auffassung Welzels, der den Irrtum — als Irrtum über ein sogenanntes Rechtspflichtmerkmal — für einen Verbotsirrtum hält).

b) Wer bei § 154 die Zuständigkeit irrtümlich annimmt — sei es, daß er z. B. aa) die richtig als Staatsanwaltschaft erkannte Behörde für befugt zur Eidesabnahme hält, sei es, daß er bb) den Staatsanwalt für einen zur Eidesabnahme zuständigen Untersuchungsrichter hält, — ist wegen versuchten Meineides strafbar (Gegensatz: v. Weber zu aa): unbeachtlicher Subsumtionsirrtum[2]); zu bb) liegt nach v. Weber schon Versuch vor, wenn der Täter nur die Richtereigenschaft irrtümlich annimmt. Nach Welzel sind beide Fälle Wahndelikte). In den entsprechenden Fällen der uneidlichen Falschaussage und der Abgabe einer falschen eidesstattlichen Versicherung tritt nach der Aufhebung der §§ 153 Abs. 2 und 156 Abs. 2 StGB Straflosigkeit ein. Dagegen sind de lege lata diese Fälle, begangen in mittelbarer Täterschaft, nach § 160 Abs. 2 noch strafbar, ebenso nach § 159 der untaugliche Anstiftungsversuch bei irrtümlicher Annahme der Zuständigkeit.

---

[1]) die mit den Ergebnissen der h. L. übereinstimmen: vgl. RG 65/206; BGH 3/248 (s. o. S. 19); Mezger, LK, 6./7. Aufl., Bem. 6 zu § 154; Maurach, BT, 2. Aufl., S. 565, 567; Schönke-Schröder, 8. Aufl., V zu § 154; Kohlrausch-Lange, 41. Aufl., V 3 zu § 154.

[2]) s. oben S. 17 f.

Die Einwendungen v. Webers gegen das Ergebnis zu a) und sein Versuch, es mit Hilfe der Theorie von den Komplexbegriffen zu vermeiden, sind bestimmt durch eine rechtspolitische Erwägung, die im wesentlichen orientiert ist an dem Affront gegen die unerwünscht häufige Versuchsbestrafung aus § 156 Abs. 2: „Und soll ... die Bestrafung wegen Meineids daran scheitern, daß ein Täter glaubt, der Eidesbehörde fehle die Zuständigkeit, und ihm könne daher nichts passieren, wenn er lüge? Bei den eidesstattlichen Versicherungen hatte es sich in den letzten Jahren herumgesprochen, daß die Zuständigkeit zur Entgegennahme häufig zweifelhaft sei. Es kam daher praktisch vor, daß unrichtige eidesstattliche Versicherungen vor zuständigen Behörden in der Annahme ihrer Unzuständigkeit abgegeben wurden. Will man diese ‚gerissenen' Täter, indem man ihnen den Tatvorsatz abspricht, anders behandeln als die harmlosen, die an der Zuständigkeit der Behörde nicht gezweifelt hatten?"[1])

Aber auch der „Gerissene", der Wehrmachtsschrott oder -material auf früherem Kampfgelände sammelt und dabei annimmt, solange die Besatzungsbehörden ihr Beuterecht nicht ausgeübt hätten, seien die Sachen herrenlos, kann trotz der Fremdheit der Sachen[2]) nicht wegen Unterschlagung bestraft werden. Es fehlte ihm eben der Vorsatz bezüglich der Fremdheit, die auch nach v. Weber ein echtes normatives Tatbestandsmerkmal ist. Die Vermeidbarkeit des Irrtums ist dabei völlig unerheblich. Strafbar ist dagegen der Täter, der beim Sammeln ein schlechtes Gewissen hat, weil er z. B. die Besatzungsmacht für den Eigentümer hält.

Das Ergebnis mag befremden — es ist aber solange richtig, als man mit dem Grundsatz Ernst macht, daß zum Vorsatz wirklich Kenntnis der Tatumstände gehört, und nicht etwa auf eine „Tatsachenblindheit" im Sinne Mezgers[3]) rekurriert und es nicht für ausreichend erachtet, daß der Täter die Kenntnis hätte haben können und müssen. Das rechtspolitische Argument v. Webers vermag also nicht zu überzeugen.

Welzel empfiehlt seine Auffassung, die Zuständigkeit sei ein Rechtspflichtmerkmal, durch den Hinweis, daß sie beim Irrtum über dieses Merkmal eine Differenzierung nach seiner Vermeidbarkeit oder Unvermeidbarkeit und damit eine größere Anschmiegung der Strafbarkeit an das Schuldprinzip gestatte. Eine solche Differenzierung ist aber auch bei sonstigen Tatbestandsmerkmalen, wie z. B. dem Tatbestandsmerkmal der Fremdheit in § 242 StGB, nicht möglich, und solange nicht überzeugend bewiesen ist, — was m. E. auch unmöglich ist[4]) —, daß das

[1]) Goltd. A. 53/165.

[2]) vgl. BGH NJW 53/1271. Ob die Sachen dem fortbestehenden deutschen Reich oder auf Grund der MilRGesetze Nr. 52 und Nr. 34 der Besatzungsmacht gehörten, ist dabei unerheblich.

[3]) Probleme der Strafrechtserneuerung, S. 184; LK, 6./7. Aufl., Bem. II 9 zu § 59 StGB; dagegen vor allem Welzel, Lb., 4. Aufl., S. 50.

[4]) vgl. oben S. 66ff.

Merkmal der Zuständigkeit bei den Eidesdelikten sich wesensmäßig von anderen unrechtsbegründenden Merkmalen unterscheidet, solange besteht kein Anlaß, die Zuständigkeit anders als sonstige Tatbestandsmerkmale zu behandeln.

Mit der gleichen Begründung müssen auch Welzels und v. Webers Einwände zu b) aa) und bb) abgelehnt werden, weil sie ebenfalls auf der verschiedenartigen Behandlung wesensgleicher Elemente beruhen: die Zuständigkeit in §§ 153 ff. ist genau so gut ein Tatbestandsmerkmal wie die Fremdheit der Sache in § 242 StGB, und ebenso wie bei § 242 die irrtümliche Annahme der Fremdheit — gleichgültig, ob auf tatsächlich oder rechtlich falschen Vorstellungen beruhend, — den Versuch begründet, so auch hier die irrtümliche Annahme der Zuständigkeit[1]). Der Vorwurf Welzels[2]) gegen den BGH (a. a. O.), er nehme diesen Analogieschluß vor, ohne geprüft zu haben, ob „fremd" wirklich die gleiche Merkmalsstruktur habe wie „zuständig", also ohne sich mit der Lehre von den Rechtspflichtmerkmalen auseinandergesetzt zu haben, kann gegen die vorliegende Untersuchung nicht erhoben werden, da sie sich gerade darum bemüht hat, die Zuständigkeit in §§ 153 ff. StGB als Tatbestandsmerkmal aufzuzeigen[3]).

Zu v. Webers Verlegung des Vorsatzinhalts auf die Tatsachenebene darf im übrigen auf die Ausführungen im ersten Teil verwiesen werden[4]).

Zusammenfassend läßt sich also feststellen, daß die hier erarbeiteten Ergebnisse in der Frage des Vorsatzinhaltes bei dem Merkmal der Zuständigkeit in §§ 153 ff. StGB im Einklang mit den allgemeinen Vorsatz- und Irrtumsgrundsätzen stehen und daß keine überzeugenden kriminalpolitischen Argumente gegen diese Ergebnisse vorgebracht worden sind.

4. Aber kann die Regel stets gelten, daß der Vorsatz die echten Komplexbegriffe in allen Dimensionen umfassen muß? Bedenken könnte z. B. § 257 StGB erregen, der das Beistandleisten „nach Begehung eines Verbrechens oder Vergehens" mit Strafe bedroht. Kein Zweifel, daß hiermit nicht nur die Fülle der Verbrechens- und Vergehenstatbestände des StGB, sondern auch gleichzeitig der in § 1 StGB ausgesprochene Rechtssatz der Trichotomie in Bezug genommen ist — es fragt sich nur, ob in der gleichen Weise wie bei den bisher besprochenen Komplexbegriffen!

Soll hier der Täter — wenngleich nach Laienart — Kenntnis von dem Verbrechens- oder Vergehenscharakter der Vortat haben müssen? Dann würde seine irrtümliche Annahme, die Vortat sei eine Übertretung, den Vorsatz ausschließen, während umgekehrt bei Vorliegen einer Übertretung schon die irrtümliche Annahme des Verbrechens- oder Ver-

---

[1]) vgl. Mezger, JZ 51/80; BGH 3/253.
[2]) JZ 53/120.
[3]) s. oben S. 66 ff.
[4]) s. oben S. 17 ff.

gehenscharakters der Vortat zur Bestrafung führen müßte, da § 257 StGB ein typisches Versuchsdelikt ist, bei dem auch jede Versuchshandlung mit Strafe bedroht ist[1]).

Als Beispiele mögen folgende Fälle dienen:

a) A, ein Lkw-Unternehmer, sitzt neben seinem Fahrer B im Wagen. B hat, wie A weiß, etwa 10 Glas Bier und einige Gläser Branntwein getrunken. Er fährt im Zickzackkurs über eine enge Landstraße mit dichtem Verkehr. — B wird gemäß §§ 315a Abs. 1, Ziff. 2, 316 Abs. 2 StGB (Vergehen) zu einer Geldstrafe verurteilt, weil das Gericht das Vorliegen einer Gemeingefahr für die Verkehrsteilnehmer bejaht. A bezahlt die Geldstrafe des B. Er hat eine ungefähre Vorstellung von dem Unterschied zwischen Vergehen und Übertretung: er meint, was mit Geldstrafe bestraft werde, sei eine Übertretung.

b) Der gleiche Sachverhalt wie zu 1. Das Verhalten des A wird von der Staatsanwaltschaft als Vergehen i. S. der §§ 315a Abs. 1, Ziff. 2, 316 Abs. 2 StGB angesehen. In der Anklageschrift heißt es dementsprechend: „. . . Vergehen gemäß §§ . . .“. B gibt dem A die Anklageschrift zu lesen. — In der Hauptverhandlung stellt sich heraus, daß kein anderer Verkehrsteilnehmer nachweisbar durch die Fahrweise des A behindert wurde. Das Gericht nimmt deshalb nur eine Übertretung nach §§ 2, 71 StVZO an, und B wird wegen dieser Übertretung zu einer Geldstrafe verurteilt. A bezahlt sie in der fortbestehenden Annahme, es habe sich um ein Vergehen gehandelt (das Urteil hat er nicht gelesen).

Gerade diese Beispiele scheinen eine Lösung nahezulegen, wie sie v. Weber für das Merkmal der Zuständigkeit vorschlägt und wie sie u. a. Nagler[2]) für § 257 StGB empfiehlt: daß nämlich zum Vorsatz der sachlichen wie persönlichen Begünstigung die Kenntnis der Tatumstände gehöre, „woraus das Gericht auf die Verübung irgendeines Verbrechens oder Vergehens als Vortat schlußfolgert“. Dann wäre z. B. im 1. Falle A wegen persönlicher Begünstigung strafbar, ohne Rücksicht darauf, wie er die Vortat des B qualifiziert hat.

Aber in der Regel wird der Begünstigte von den tatsächlichen Verhältnissen der Vortat Genaueres gar nicht wissen. Um beim Beispielsfalle zu bleiben: der Unternehmer A wird nur die einseitige ungenaue Darstellung seines Fahrers über die Trunkenheitsfahrt kennen oder von Dritten davon erfahren haben. Binding[3]) schreibt mit Recht von dem regelmäßigen Vorstellungsinhalt des Begünstigers bei der Strafvereitelung: „. . . er weiß nur, da hat sich jemand etwas eingebrockt, es ist nicht nötig, daß er gestraft werde, — und so begünstigt er.“ — Es gilt

---

[1]) so RG 35/128; 36/76; 50/364; Nagler, LK, 6./7. Aufl., II 3 A zu § 257; Welzel, 6. Aufl., S. 320; Bockelmann, NJW 51/622.

[2]) LK, 6./7. Aufl., II 5 zu § 257 StGB.

[3]) Normen II, S. 1093.

hier sinngemäß das gleiche, was schon oben[1]) gegen v. Webers Deutung der Komplexbegriffe angeführt wurde. Eher noch wird der Begünstiger A wissen, daß B ein „Verbrechen" oder ein „Vergehen" begangen habe, als daß er die Umstände kennen wird, „woraus das Gericht auf die Verübung irgendeines Verbrechens oder Vergehens ... schlußfolgert," oder als daß er wissen wird, es liege ein „Automatenmißbrauch", ein „Versicherungsbetrug", eine „Körperverletzung mit tödlichem Ausgang" als Vortat vor. Konsequenterweise müßte also in allen Fällen Freispruch erfolgen, in denen der Begünstiger die Tatumstände der Vortat, aus denen das Gericht den Schluß auf das Vorliegen eines Verbrechens oder Vergehens tut, gar nicht kannte! § 257 StGB wäre damit paralysiert.

Darüber hinaus beweist nichts deutlicher die Unhaltbarkeit jener Auffassung Naglers als der Wortlaut des § 257: Wenn bei der Strafvereitelung zum Tatbestand als subjektives Unrechtselement die Absicht gehört, den Täter „der Bestrafung zu entziehen", so setzt diese Absicht offensichtlich mehr voraus als die Kenntnis der Tatumstände allein. Sie ist nur möglich auf der Grundlage des Wissens, zwar nicht, daß ein Verbrechen oder Vergehen vorlag, aber doch des Wissens, daß jene Tatumstände eine strafbare Handlung ausmachten! Denn wer nicht weiß, daß eine strafbare Handlung vorliegt, kann nicht die Absicht haben, die Strafe für diese Handlung zu vereiteln.

Damit ist aber noch nicht gesagt, daß der Begünstiger auch den (laienmäßigen) Schluß auf den Verbrechens- oder Vergehenscharakter der Vortat gezogen haben müßte — „was doch nur in einem Kriminalistenstaate vorauszusetzen nicht sinnlos wäre"[2]). Es steht nämlich noch dahin, ob die Wendung „nach Begehung eines Verbrechens oder Vergehens" überhaupt die Bedeutung hat, den Unrechtsgehalt der Begünstigung sachlich zu umschreiben. Nur insoweit nämlich kann und muß die Vorsatzerstreckung gefordert werden, als die Beschreibung des verbotenen, d. h. potentiell dem Urteil „rechtswidrig" unterliegenden Verhaltens reicht. Nun dient, wie oben[3]) näher dargelegt wurde, der Komplexbegriff „zuständig" in §§ 153ff. StGB der Angabe der Verbotsmaterie. Verboten, potentiell rechtswidrig, ist nur der vor einer zuständigen Behörde abgegebene Meineid. Die Bereiche des Normwidrigen und des Strafbaren decken sich hier. Anders bei dem Komplexbegriff „nach Begehung eines Verbrechens oder Vergehens". Hiermit gibt der Gesetzgeber nur zu erkennen, daß er auf Strafe verzichten will, wenn eine Übertretung begünstigt wird, nicht aber, daß er nur eine Begünstigung eines Verbrechens oder Vergehens für potentiell rechtswidrig hält. Die Wendung gilt „nur für den Staat und gar nicht für den Delinquenten"[4]). Die Bereiche der Verbotsmaterie und der Strafwürdig-

---

[1]) s. oben S. 17ff.
[2]) Binding, a. a. O., S. 1090.
[3]) s. oben S. 66ff.
[4]) Binding, a. a. O., S. 1089.

keit decken sich hier nicht. Die Norm reicht weiter als die Strafdrohung. Das zeigen folgende Erwägungen:

Der Unrechtsgehalt der persönlichen Begünstigung besteht in der Vereitelung des staatlichen Strafanspruchs überhaupt. „Von allen staatlichen Strafansprüchen soll der Begünstiger die Hand lassen.“[1]) So erklären einige Sondergesetze auch die Begünstigung von Übertretungen für strafbar: Zigarettensteuergesetz v. 3. 6. 1906 (RGBl. S. 631), § 18 Abs. 3; Branntweinsteuergesetz v. 15. 7. 1909 (RGBl. S. 661), § 119; Zündwarensteuergesetz v. 15. 7. 1909 (RGBl. S. 814), § 28. Dabei ist, was den Unrechtsgehalt der Begünstigung angeht, der soeben zitierte Satz Bindings seinem Inhalte nach offenbar vorausgesetzt.

Auch dürfte wegen rechtswidriger Verletzung des Eigentums derjenige nach § 823 Abs. 1 BGB zum Schadensersatz verpflichtet sein, der die Beute eines Mundraubs nach der Tat vor dem drohenden Zugriff des Eigentümers in Sicherheit bringt — auch ein solches Verhalten ist „rechtswidrig“, ohne jedoch strafbar zu sein.

Daher kann der Auffassung von Welzel nicht zugestimmt werden, die in dem Vorliegen gerade eines Verbrechens oder Vergehens als Vortat eine „Höhenmarke der Rechtswidrigkeit“ sieht[2]): Der Umgrenzung des Bereiches des potentiell Rechtswidrigen dient die Wendung „nach Begehung eines Verbrechens oder Vergehens“ nicht, sondern nur der Umreißung des hiervon verschiedenen Bereichs des Strafbaren. Es handelt sich daher nicht um eine Höhenmarke der Rechtswidrigkeit, sondern um eine Höhenmarke der Strafbarkeit. Der Unrechtsbereich bei der Begünstigung ist umrissen durch das in den Begriffen „Verbrechen oder Vergehen“ steckende Moment des mit-Strafe-bedroht-Seins oder (bei der persönlichen Begünstigung) der Strafbarkeit der Vortat. Dieses Moment kennzeichnet den Unrechtsgehalt der Begünstigung, gleichgültig, ob man die sachliche Begünstigung nun als Delikt gegen die Zivilrechtspflege oder gegen das Vermögen ansieht.

Zur Erkenntnis des sachlichen Gehalts der Begünstigungstatbestände und damit zum Vorsatz ist daher bei der persönlichen Begünstigung das Wissen vom Vorliegen irgendeiner strafbaren Handlung erforderlich; bei der sachlichen Begünstigung genügt wie zum objektiven Tatbestand das Vorliegen einer tatbestandsmäßig-rechtswidrigen Vortat, so zum subjektiven Tatbestand das Wissen, daß eine mit Strafe bedrohte Handlung vorliegt[3]). Nicht erforderlich ist dagegen die

---

[1]) Binding, a. a. O., S. 1090.

[2]) Lb., 6. Aufl., S. 321.

[3]) so Binding, Normen II, S. 1093 mit weiteren Nachweisen aus der älteren Literatur; Bockelmann, NJW 51/622. Auch Welzel, Lb., 6. Aufl., S. 321, hält hieran fest, auch, nachdem er seine frühere Auffassung, der Verbrechens- oder Vergehenscharakter sei eine objektive Strafbarkeitsbedingung (vgl. Lb., 2. Aufl.,

Qualifizierung als Verbrechen oder Vergehen. Diese Voraussetzung ist, da sie nicht das Unrecht, sondern lediglich die Strafbarkeit kennzeichnet, als objektive Bedingung der Strafbarkeit anzusehen, die außerhalb des vom Vorsatz zu umspannenden Raumes liegt[1]). Wer demnach ein Vergehen — z. B. nach §§ 315a/316 Abs. 2 StGB — irrtümlich für eine Übertretung hält, ist nach § 257 StGB wegen persönlicher oder sachlicher Begünstigung zu bestrafen, wenn er nur erkannt hat, daß eine strafbare oder mit Strafe bedrohte Handlung vorliegt. Umgekehrt bleibt straflos, wer eine objektiv vorliegende Übertretung — z. B. nach §§ 2, 71 StVZO — irrtümlich für ein Vergehen gehalten hat.

S. 187), zugunsten der Auffassung von der Höhenmarke der Rechtswidrigkeit aufgegeben hat.

[1]) so Binding, a. a. O., Bockelmann, a. a. O.; Bemmann (Zur Frage der objektiven Strafbarkeitsbedingungen) hat den Fall des § 257 StGB leider nicht behandelt.

FSC
www.fsc.org
MIX
Papier | Fördert gute Waldnutzung
FSC® C083411

Kolibri 360 GmbH
Ferdinand-Jühlke-Straße 7
99095 Erfurt, Deutschland
produktsicherheit@kolibri360.de